全国高职高专建筑装饰专业规划教材

装饰施工组织与管理

付丽文　主　编

李学泉　刘洪亮　李卿阁　副主编

U0301129

清华大学出版社
北　京

内 容 简 介

本书是根据高职高专职业教育的要求，建筑装饰类各专业的培养目标及岗位能力要求，装饰工程对技术人才的需求，本着提高学生职业素质和技能的原则编写的。本书内容密切联系施工实际，突出了职业性、实用性、适用性的特色，充分体现了以能力培养为中心，以工程能力、创新能力和职业道德的培养为目标的原则。

本书共分两部分，包括 9 章内容。前四章的第一部分，主要介绍装饰工程施工组织原理和方法；后五章为第二部分，主要阐述装饰工程施工的管理实务。为方便读者学习，每章还附有内容提要、技能目标、项目案例导入、思考题等内容。

本书可作为高职高专院校建筑装饰类各专业及其他成人高校相关专业的教材，也可作为相关工程技术人员、施工管理人员的参考用书。

图书在版编目(CIP)数据

装饰施工组织与管理/付丽文主编. —北京：清华大学出版社，2013
(全国高职高专建筑装饰专业规划教材)
ISBN 978-7-302-32394-5

Ⅰ. ①装… Ⅱ. ①付… Ⅲ. ①建筑装饰—工程施工—施工组织—高等职业教育—教材 ②建筑装饰—工程施工—施工管理—高等职业教育—教材 Ⅳ. ①TU767

中国版本图书馆 CIP 数据核字(2013)第 096021 号

责任编辑：桑任松　杨作梅
封面设计：刘孝琼
版式设计：杨玉兰
责任校对：周剑云
责任印制：王静怡

出版发行：清华大学出版社
　　　网　　　址：http://www.tup.com.cn，http://www.wqbook.com
　　　地　　　址：北京清华大学学研大厦 A 座　　　邮　　编：100084
　　　社 总 机：010-62770175　　　邮　　购：010-62786544
　　　投稿与读者服务：010-62776969，c-service@tup.tsinghua.edu.cn
　　　质 量 反 馈：010-62772015，zhiliang@tup.tsinghua.edu.cn
　　　课 件 下 载：http://www.tup.com.cn，010-62791865
印 装 者：北京市清华园胶印厂
经　　销：全国新华书店
开　　本：185mm×260mm　　　印　张：13.25　　　字　　数：250 千字
版　　次：2013 年 6 月第 1 版　　　印　　次：2013 年 6 月第 1 次印刷
印　　数：1～3000
定　　价：25.00 元

产品编号：049718-01

前　　言

　　建筑装饰工程技术是指针对建筑内、外部装饰工程进行设计、造价、选材、施工以及管理、检测等的职业技术、技能。相关就业岗位包括装饰施工管理、建筑装饰设计、建筑装饰设计咨询、建筑装饰预算或工程监理等。

　　本书根据高职高专教育人才培养目标、建筑装饰和建筑施工行业最新发展、国家新规范和新法规编写而成。本课程为装饰工程技术专业的一门主要专业课，是工程技术人员从事现场施工组织与管理必备的基础知识和能力。

　　本书紧密围绕建筑装饰装修工程，详细阐述了装饰装修工程的特点，组织施工的程序、原则以及施工组织设计的概念和内容，流水施工原理与组织方法，网络计划的理论与应用，装饰装修单位工程施工组织设计的编制方法与步骤以及装饰装修项目施工质量、技术、安全管理等内容。学生通过本书的学习，可以掌握现场施工组织与管理的基本知识，具备基本的施工组织与管理技能。

　　本教材以项目施工管理为主线，兼顾施工企业要求的专业知识和多元性之间的矛盾及学生就业方向的不确定性，所讲知识力求全面，从而可以为学生的再学习和持续提高奠定基础。

　　本书由辽宁建筑职业学院的付丽文主编。书中第 1 章、第 4～8 章由付丽文编写；第 3 章由辽宁建筑职业学院的李学泉编写；第 2 章由辽宁建筑职业学院的刘洪亮编写；第 9 章由昆明理工大学的李卿阁编写。全书由辽宁建筑职业学院的丁春静教授主审。

　　本书参考了一些相关书籍，在此对其作者表示衷心感谢。

　　由于编者水平有限，书中难免存在不足之处，敬请读者批评指正。

编　者

目　　录

第1章　建筑装饰工程施工组织概述

内容提要

本章主要介绍建筑装饰工程的含义以及装饰施工的工作内容，装饰工程的施工程序；重点介绍装饰工程施工组织设计的基本概念及其作用与分类。

技能目标

- 了解装饰工程的分部分项工作及其先后顺序关系，为组织施工打下基础。
- 掌握装饰工程任务的准备工作，组织施工及竣工验收的基本规定。
- 了解施工组织设计的基本概念，作用。
- 掌握施工组织设计的编制原则和方法。

项目案例导入

装饰施工组织设计是在装饰施工技术的基础上，研究施工操作方法的选择，人员的安排，施工机械的选用，施工工期的计划安排等工作内容，是表达施工指挥者对工程任务完成的整体构想，也是进行工程造价、工程监理、工程验收等工作的主要技术依据。

1.1　建筑装饰工程的概念

【学习目标】

了解建筑装饰工程的含义；掌握建筑装饰工程的内容；掌握施工组织设计的分类。

1. 建筑装饰工程的含义

建筑装饰工程技术是指针对建筑内、外部装饰工程进行设计、造价、选材、施工以及管理、检测等的职业技术、技能。近年来，建筑装饰工程技术已成为各地职业技术院校广泛使用的建筑装饰类专业名称。目前，已有相当一部分中、高等职业技术院校开设了此专业，并根据学生具体的学习课程和考试情况颁发相应的设计、施工、管理、预算等职业技术资格证书。

在建筑学中，建筑装饰和建筑装修一般不能截然分开。通常建筑装饰是为了满足视觉要求对建筑工程进行的艺术加工，如在建筑物的内外加设的绘画、雕塑等。建筑装修是指为了满足建筑物使用功能的要求，在主体结构工程以外进行的装潢和修饰，如门窗、栏杆、楼梯、隔断装潢，墙柱、梁、顶棚、地面等表面的修饰。

在建筑装饰装修工程施工中，人们习惯把装饰和装修两者统称为装饰工程。把在建筑设计中随土建工程一起施工的一般装修，称为"粗装修"；而把有专业装饰设计，在后期施工的专业装饰以及给排水、电器照明、采暖通风、空调等部件的装饰，称为"精装饰"。随着科学技术的进步和专业分工的发展，近年来精装饰与装修分离，在建筑业中逐步形成一个新的专业，即建筑装饰工程专业。

2. 建筑装饰工程的内容

按国家标准《建筑装饰装修工程质量验收规范》(GB 50210—2001)的规定，建筑装饰工程主要包括抹灰工程、门窗工程、吊顶工程、幕墙工程等 10 项内容。但按照建筑装饰行业的习惯，建筑装饰工程一般包括下列主要内容。

1) 楼地面饰面工程

楼地面饰面主要包括地砖、石材、塑料地板、水磨石地面、木地板、地毯饰面以及特殊构造地面等。

2) 墙、柱饰面工程

墙、柱面饰面主要包括天然石材饰面，人造石材饰面，金属板墙、柱面、玻璃饰面，玻璃幕墙、复合涂层墙柱、粘贴壁纸墙柱、木饰面墙柱、装饰布饰面墙柱及特殊性能墙柱等。

3) 吊顶工程

按骨架和面层不同分类。骨架包括轻钢龙骨、木龙骨、铝合金龙骨、复合材料龙骨；面层包括石膏板、木胶合板、矿棉板、吸音板、花纹装饰板、铝合金板条、塑料扣板等。

4) 门窗工程

门按材料不同可分为木门、钢木门、塑钢门、铝合金门、不锈钢门、装饰铝板门、彩板组合门、防火门、防火卷帘门等；按制作形式不同可分为推拉门、平开门、转门、自动门、弹簧门等。窗按材料不同可分为木窗、铝合金窗、钢窗(实腹、空腹)、塑钢窗、彩板窗；按开关方式可分为平开窗、推拉窗、固定窗、上下翻窗等。按窗玻璃形式不同可分为净片玻璃窗、毛玻璃窗、花纹玻璃窗、有色玻璃窗，以及单层、双层、钢化、防火、热反射、激光中空玻璃窗等。

5) 装饰屋面工程

装饰屋面主要包括锥体采光顶棚，圆拱采光顶棚，彩色玻璃钢屋面，彩色镁质轻质板屋面，中空玻璃、夹丝玻璃、夹胶玻璃、钢化玻璃顶棚，有机玻璃屋面及镀锌铁皮屋面等。

6)　楼梯及楼梯扶手工程

按栏板材料不同可分为玻璃栏板、有机玻璃栏板、镶贴面板栏板、方钢立柱、铸铁花饰立柱、不锈钢管立柱等。

按扶手材料不同可分为不锈钢扶手、铝合金扶手、木扶手、黄铜扶手、塑钢扶手、柚木扶手等。

7)　细部装饰工程

细部装饰工程包括的内容比较多而繁杂，这里仅列举其中的一部分。如不锈钢花饰、铜花饰、木收口条、吊顶木封边条，铝合金洞口、木洞口、卫生间镶镜，不锈钢浴巾杆、毛巾杆，卫生间洗手盆、花岗岩台座，嵌墙壁柜、柚木窗台板、花岗岩窗台板、铝合金窗台板，塑料踢脚板、柚木踢脚板、地砖踢脚板、水泥砂浆表面涂漆踢脚板等。

8)　各种配件

各种配件主要包括窗帘盒、窗帘轨、窗帘、暖气罩、挂镜线、门窗套、门牌、招牌、烟感探测器、消防喷淋头、音响广播器材、舞厅灯光器材等。

9)　灯具

灯具主要包括普通照明灯具(如日光灯、筒灯等)、装饰灯具(如吊灯、花纹吊灯、吸顶灯、壁灯、台灯、落地灯、床头灯)以及各种指示灯(如出口灯、安全灯等)。

10)　家具

家具的种类多种多样，一般可分为固定式家具和移动式家具两大类，主要品种有柜、橱、台、床、桌、椅、凳、茶几、沙发等。

11)　外装饰工程

外装饰工程仅包括玻璃幕墙和复合铝板外墙面。周围环境工程有时也列入装饰工程范围。

1.2　装饰工程施工程序

【学习目标】

了解承接施工任务与签订施工合同的内容；掌握施工准备工作的内容。

1. 承接任务与签订合同

1)　承接施工任务

建筑装饰施工任务的承接方式，同土建工程一样有两种：一是通过招标投标承接；二是由建设单位(业主)向预先选择的几家有承包能力的施工企业发出招标邀请。目前，以前者最为普遍，它利于建筑装饰行业的竞争和发展，有利于施工单位提高技术水平、改善管理体制、提高企业素质。

2) 签订施工合同

承接施工任务后，建设单位(业主)与施工单位 (或土建分包与装饰分包单位)应根据《经济合同法》和《建筑装饰工程施工合同》的有关规定及要求签订施工合同。施工合同应规定承包的内容、要求、工期、质量、造价及材料供应等，明确合同双方应承担的义务和职责以及应完成的施工准备工作。施工合同经双方法人代表签字后具有法律效力，必须共同遵守。

2. 施工准备工作

施工合同签订后，施工单位应全面展开施工准备工作。施工准备包括开工前的计划准备和现场准备。

1) 开工前的计划准备

开工前的计划准备是确保装饰任务顺利进行的重要环节。要做好计划准备，首先要对所承接工程进行摸底，详细了解工程概况、工程规模、工程特点、工期要求及现场的施工条件，以便统筹安排。同时，要根据工程规模，确定装饰队伍，组织技术力量，组建管理班子，编制切实可行的施工组织设计。

2) 开工前的现场准备

开工前的现场准备主要是为后面的全面施工做好准备，其内容很多也很繁杂，主要应做好以下三方面的工作。

(1) 技术准备工作

建筑装饰工程施工的技术准备主要包括熟悉和审查施工图纸，收集资料，编制施工组织设计，编制工程预算等。

① 熟悉审查图纸。施工单位在接到施工任务后，首先要组织人员熟悉施工图纸，了解设计意图，掌握工程特点，进行设计交底，组织图纸会审，提出设计与施工中的具体要求，各专业图纸中若有错漏、缺页，可在会审时提出予以解决，并做好记录。

② 收集有关资料。根据装饰施工图纸的要求，对施工现场进行调查，了解建筑物主体的施工质量、空间特点等，以制定切实可行的施工组织设计。

③ 编制施工组织设计。施工组织设计是指导装饰工程进行施工准备和组织施工的基本技术经济文件，是施工准备和组织施工的主要依据。施工单位在工程正式开工前，应根

据工程规模、特点、施工期限及工程所在区域的自然条件、技术经济条件等因素进行编制，并报有关单位批准。

④　编制工程预算。编制工程预算就是根据施工图纸和国家或地方有关部门编制的装饰施工定额，进行施工预算的编制。它是控制工程成本支出与工程消耗的依据。根据施工预算中分部分项工程量及定额工程用量，对各装饰班组下达施工任务，以便实行限额领料及班组核算，从而实现降低工程成本和提高管理水平的目的。

(2)　施工条件及物资准备

①　施工条件准备。施工条件准备就是为顺利施工做好必要的准备工作。如搭设临时设施(仓库、加工棚、办公用房、职工宿舍等)、施工用水、施工用电等各项作业条件的准备，以及装饰工程施工的测量及定位放线、设置的永久性坐标与参照点等。

②　施工物资准备。装饰工程的施工涉及工种很多，所需的材料、机具品种也相应较多。因此，在工程开工前，要全面落实各种资源的供应，同时要根据工程量大小和工期长短，合理安排劳动力和各种物资的计划供应，以确保装饰工程施工顺利进行。

③　施工场地清理。施工场地清理就是为保证装饰工程如期开工，施工前应清除场地内的障碍物，建筑物内的垃圾、粉尘等。并设置污水排放沟池，为文明施工、环保施工创造一个良好的条件。

④　组织施工力量。组织施工力量就是调整和健全施工组织机构及各类分工，对于特殊工种，还要做好技术培训和安全教育。

3. 装饰组织施工

在做好现场施工准备工作的基础上，在具备开工条件的前提下，施工单位可向建设单位(业主)提交开工报告，提出开工的申请。在征得建设单位及有关部门的批准后，即可开工。

在施工过程中，应严格按照《建筑装饰装修工程质量验收规范》(GB 50210—2001)、《住宅装饰装修工程施工规范》(GB 50327—2001)、《建筑地面工程施工质量验收规范》(GB 50209—2002)、《建筑工程施工质量验收统一标准》(GB 50300—2001)及《民用建筑工程室内环境污染控制规范》(GB 50325—2002)等国家标准进行检查与验收，以确保装饰工程质量达到有关标准，满足用户的要求。

4. 装饰工程竣工验收

竣工验收是工程施工的最后阶段。在竣工验收前，施工单位内部应先进行预验收，检查各分部分项工程的施工质量，整理各项交工验收的技术经济资料，由建设单位(业主)组织施工、设计、监理等有关单位进行竣工验收，经有关部门验收合格后，办理验收签证书，即可交付使用。如验收不符合有关规定的标准，必须采取措施限期进行整改，达到所规定的标准，方可交付使用。

1.3 装饰工程施工组织设计

【学习目标】

了解施工组织设计的概念与作用；掌握施工组织设计的编制与实施。

1. 施工组织设计的基本概念

建筑装饰工程施工组织设计，是规划和指导整个装饰工程从工程投标、签订承包合同、施工准备，一直到全部施工过程及竣工验收的一个综合性技术经济文件。

建筑装饰工程除具有一般建筑工程的特点外，还具有工期比较短、质量要求严、工序比较多、材料品种杂、专业交叉多等特点。因此，在工程正式施工之前，应根据工程的具体施工项目，进行全面的调查了解，搜集有关的资料，掌握工程性质和施工要求，从人力、资金、材料、机具、施工方法和现场的施工环境等因素上，进行科学合理的安排，在一定时间和空间内实现有组织、有计划、有秩序、快速度、高质量的施工，以期在整个施工过程中，达到消耗少、工期短、质量高、成本低、建设单位(业主)满意的效果，这就是建筑装饰施工组织设计的根本任务。

2. 施工组织设计的作用

建筑装饰工程的施工组织设计，是一个非常重要、不可缺少的技术经济文件，是合理组织施工和加强施工管理的一项重要措施。它对保质、保量、按时完成整个建筑装饰工程的施工任务具有决定性作用。

具体而言，建筑装饰工程施工组织设计的作用，主要表现在以下几个方面。

① 它是沟通设计、施工和监理各方面之间的桥梁。它既要充分体现装饰工程设计和使用功能的要求，又要符合建筑装饰工程施工的客观规律，对施工的全过程起到战略部署和战术安排的作用。

② 它是施工准备工作的重要组成部分，可以对及时做好各项施工准备工作起到促进作用。

③　对拟建装饰工程，从施工准备到竣工验收全过程的各项活动起指导作用。

④　能协调施工过程中各工种之间、各项资源供应之间的合理关系。

⑤　能为科学管理施工全过程的所有活动提供重要手段。

⑥　它是编制工程概算、施工图预算和施工预算的主要依据之一。

⑦　它是施工企业整个生产管理工作的重要组成部分。

⑧　它是施工基层单位编制施工作业计划的主要依据。

3. 施工组织设计的分类

建筑装饰工程施工组织设计是一个总的概念。根据建筑装饰工程的规模大小、结构类型、技术复杂程度和施工条件的不同，建筑装饰工程施工组织设计通常又分为三大类，即建筑装饰工程施工组织总设计、单位建筑装饰工程施工组织设计和分部(分项)建筑装饰工程作业设计。

1)　建筑装饰工程施工组织总设计

建筑装饰工程施工组织总设计是以民用建筑群以及结构复杂、技术要求高、建设工期长、施工难度大的大型公共建筑和高层建筑的装饰为对象而编制的。在有了批准的初步设计或扩大初步设计之后才进行编制。它是对整个建筑装饰工程在组织施工中的通盘规划和总的战略部署，是修建全工地大型暂设工程和编制年度施工计划的依据。

建筑装饰工程施工总设计一般是以主持工程的总承包单位(总包)为主，有建设单位、设计单位及其他承包单位(分包)参加共同编制。

2)　单位建筑装饰工程施工组织设计

单位建筑装饰工程施工组织设计是一个单位工程或一个不复杂的单项工程，即一座公共建筑、一栋高级公寓或一个合同内所含装饰项目作为施工组织对象而编制的。在有了施工图设计并列入年度计划后，由直接组织施工的基层单位编制。它是单位建筑装饰工程施工的指导性文件，并可作为编制季、月、旬施工计划的依据。

3)　分部(分项)建筑装饰工程作业设计

分部(分项)建筑装饰工程作业设计是以某些主要的或新结构、技术复杂的或缺乏施工经验的分部(分项)工程的装饰为对象而编制的，它是直接指导现场施工的技术性文件，并可作为编制月、旬作业计划的依据。

4. 施工组织设计编制原则

由于施工组织设计是指导施工的技术经济性文件，对保证顺利施工、确保工程质量、降低工程投资均起着重要作用，因此，应十分重视施工组织设计的编制，在编制过程中应遵循以下原则。

1) 认真贯彻执行国家的基本建设方针和政策

在编制建筑装饰工程施工组织设计时，应充分考虑国家有关的方针政策，严格按基本建设程序办事，严格执行建筑装饰装修的管理规定，认真执行建筑装饰工程及相关专业的有关规范、规程和标准，遵守施工合同所规定的条文。

2) 合理安排装饰工程的施工程序和顺序

装饰工程的施工，特别对规模较大、工期较长、技术复杂的装饰工程，必须遵守一定的程序和顺序，合理安排、分期分段地进行，以期早日发挥投资的经济效益。建筑装饰工程的施工程序和顺序反映了装饰施工的客观规律要求，实行搭接施工则体现了争取时间的主动性，在组织施工时，必须合理地安排装修施工程序和顺序，避免不必要的重复、返工、窝工，以加快施工，争取早日发挥建筑物的作用。

3) 采用先进的技术、科学地选择施工方案

在建筑装饰工程施工中，采用先进的施工技术是提高劳动生产率、提高工程质量、加快施工进度、降低工程成本的重要手段。在选择施工方案时，要积极采用新工艺、新技术、新设备、新材料，结合建筑装饰工程的特点，满足装饰设计效果，符合施工验收规范及操作规程的要求，使技术的先进性、适用性和经济性有机地结合在一起。

4) 用流水施工和网络计划技术安排施工进度

采用流水施工方法组织施工，是保证装饰工程施工连续、均衡、有节奏进行的重要措施。在编制装饰工程施工进度计划时，选用先进的网络计划技术，对于合理使用人力、物力和财力，减少各项资源的浪费，合理安排工序搭接和必要的技术间歇，做好人力、物力的综合平衡，将起到非常重要的作用。

5) 坚持质量第一、重视安全施工的基本原则

编写建筑装饰工程施工组织设计，应贯彻"百年大计、质量第一"和"预防为主"的方针。在具体编写的过程中，以我国现行有关建筑装饰施工质量标准、验收规范及操作规程为依据，使施工质量符合国家或合同中的检验评定标准。从人员、机械、材料、法规和环境等方面制定保证质量的措施，预防和控制影响装饰工程质量的各种因素，确保装饰工程达到预定目标。

编制建筑装饰工程施工组织设计，应特别重视施工过程中的安全，建立健全各项安全管理制度，尤其是装饰施工中的安全用电、防火措施、污染中毒、高空作业等，应作为安

全工作的重点。

5. 施工组织设计的编制与实施

1）　施工组织设计的编制

为使施工组织设计更好地起到组织和指导装饰施工的作用，在编制内容上必须简明扼要，突出重点，在编制方法上必须紧密结合现场施工实际情况，不断进行调整和补充，并严格按照施工组织设计组织装饰施工。

要编制出高质量的装饰施工组织设计，必须注意以下几个问题。

①　在编制施工组织设计时，对施工现场的具体情况，要进行充分的调查了解，进行仔细推敲研究。召开基层技术和施工人员参加的技术交流会，邀请建设单位、设计单位，进行设计交底，根据合同工期与技术条件，发动现场各专业技术人员和工人提意见，定措施，并进行反复讨论，提出初稿，最后由承担施工的项目经理、技术负责人参加审定，以保证施工组织设计的顺利实施。

②　对装饰内容多而复杂、施工难度大及采用新材料、新技术、新工艺的项目，应组织专业性的讨论和必要的专题考察，并邀请有经验的专业技术人员和技术工人参加，使编制的内容符合实际，便于执行。

③　在施工组织设计编制过程中，还要充分发挥其他职能部门(如设备、材料、预算、劳资、行政等)的作用，吸收他们参与编制或参加审定会议，以求编制的施工组织设计更全面、更广泛、更完善。这里需要指出的是：建筑装饰工程施工组织设计，涉及的专业多，施工工种多，在编制时千万不能只追求形式，而造成主次不清，脱离工程实际，起不到真正的指导、督促和控制作用，那样就失去了施工组织设计的实际意义。

2）　施工组织设计的实施

建筑装饰工程施工组织设计已经批准，即成为装饰工程施工准备和组织整个施工活动的指导性文件，必须严肃对待，认真贯彻执行。

在建筑装饰工程施工组织设计实施的过程中，要做好以下几项工作。

(1)　做好施工组织设计的交底工作

在装饰工程正式施工前，根据编制好的施工组织设计，有关技术负责人要组织召开各级生产、技术会议，详细介绍工程的情况，施工关键、技术难点、易发生的质量问题和保证措施，以及各专业、各工种配合协作措施，并要求相关人员和部门制订具体的实施计划和技术细则。

(2) 制定保证顺利施工的各项规章制度

管理工作实现规范化、制度化，是进行科学管理的一项重要措施。大量装饰工程施工实践证明，制定严格、科学、健全、可行的规章制度，施工组织设计才能顺利实施，才能建立正常的施工顺序，才能确保装饰工程的施工质量和经济效益。

(3) 大力推行技术经济承包责任制

根据中国的基本国情，在建筑装饰业大力推行技术经济承包责任制，是提高企业、职工积极性的有效措施。全面实施技术经济承包责任制的重要措施之一，就是把工程与质量、企业与职工的经济利益挂钩，以便相互促进、相互监督、相互约束，以利于调动干部职工的积极性。在某些施工企业中，推行节约材料奖、技术进步奖、工期提前奖和工程优良奖等，取得了很好的效果。

(4) 实现工程施工的连续性和均衡性

根据施工组织设计的要求，在工程正式开工后，及时做好人力、物力和财力的统筹安排，使建筑装饰工程能保持均衡、有节奏地进行。在具体实施的过程中，要通过月、旬作业计划，及时分析产生不均衡的因素，综合多方面的施工条件，不断进行各专业、各工种间的综合平衡，进一步完善和调整施工组织设计文件，真正做到建筑装饰工程施工的节奏性、连续性和均衡性。

思 考 题

1. 建设项目的基本概念是什么？

2. 建筑装饰产品的生产特点有哪些？

3. 建筑装饰工程项目如何进行分类？建设项目由哪些部分构成？

4. 建筑装饰的定义是什么？其内容主要包括哪些方面？

5. 简述建筑装饰工程的施工程序。

6. 建筑装饰工程施工组织设计的定义、作用是什么？包括哪些类型？

7. 建筑装饰工程施工组织设计编制的原则是什么？

8. 在编制建筑装饰工程施工组织设计时应注意哪些方面？

9. 在建筑装饰工程施工组织设计实施中应做好哪些工作？

第 2 章　流水施工原理

内容提要

本章主要介绍流水施工的基本概念，流水施工的基本参数，流水施工的基本方式，并以例题的方式介绍流水施工时间参数的计算和流水施工的组织方法。

技能目标

- 掌握组织施工的基本方式及其特点。
- 了解工艺参数的划分；掌握空间参数的确定以及时间参数的计算。
- 重点掌握流水步距的计算方法。
- 掌握工期的计算方法和横道图的绘制方法。

项目案例导入

装饰工程流水施工是在装饰施工技术的基础上，按照装饰工程的施工工艺过程，正确确定分部分项工程名称、工作持续时间；依据工作之间的制约关系，用横道图表达各工作的先后顺序的计划安排。它是一种简单明了，非常实用的装饰工程施工的计划方式。

2.1　流水施工的基本概念

【学习目标】

了解施工的组织方式和各自的特点；掌握装饰工程流水施工的特点和组织方式。

建筑装饰工程的"流水施工"来源于工业生产安装的"流水作业"，实践证明它是组织施工的一种行之有效的方法。本章主要介绍建筑装饰工程流水施工的基本概念、基本方法和具体应用。

1. 流水施工

1)　施工组织方式

任何一个建筑装饰工程都是由许多施工过程组成的，而每一个施工过程可以组织一个或多个施工班组来进行施工。如何组织各施工班组的先后顺序或平行搭接施工，是组织施工中的一个最基本的问题。通常,组织施工时有依次施工、平行施工和流水施工三种方式,现将这三种方式的特点和效果分析如下。

(1) 依次施工组织方式

依次施工又称"顺序施工",它是各施工段或施工过程依次开工、依次完成的一种施工组织方式,也是一种最基本、最原始的施工组织方式。

优点:每天投入的劳动力较少,机具、设备使用不集中,材料供应较单一,施工现场管理简单,便于组织和安排。

缺点:班组施工及材料供应无法保持连续均衡,工人有窝工的情况或不能充分利用工作面,工期长。

【例 2-1】 某建筑工程为二层,其室内装饰工程有四个施工过程:天棚抹灰(2 天)、内墙面抹灰(1 天)、水泥砂浆楼面(2 天)、门窗安装(1 天),若采用依次施工,其施工进度安排如图 2-1 和图 2-2 所示。

施工过程	班组人数	施工进度/天											
		1	2	3	4	5	6	7	8	9	10	11	12
天棚抹灰	10	▬	▬					▬	▬				
内墙抹灰	20			▬						▬			
水泥地面	30				▬	▬					▬	▬	
门窗安装	10						▬						▬

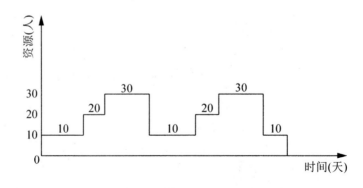

图 2-1　依次施工(按施工段)

施工过程	班组人数	施工进度/天											
		1	2	3	4	5	6	7	8	9	10	11	12
天棚抹灰	10	▬	▬	▬	▬								
内墙抹灰	20					▬	▬						
水泥地面	30							▬	▬	▬	▬		
门窗安装	10											▬	▬

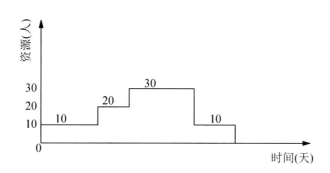

图 2-2 依次施工(按施工过程)

由此可见，采用依次施工不但工期拖得较长，而且在组织安排上也不尽合理。当规模较小，施工工作面又有限时，依次施工是适合的，也是常见的。

(2) 平行施工组织方式

平行施工组织方式是指所有工程任务的各施工段同时开工、同时完工的一种施工组织方式。平行施工如图 2-3 所示。

优点：完全利用了工作面，大大缩短了工期。

缺点：施工的专业工作队数目大大增加，工作队的工作仍然有间歇，劳动力及物资资源的消耗相对集中。

施工过程	班组人数	施工进度/天											
		1	2	3	4	5	6	7	8	9	10	11	12
天棚抹灰	10	▬	▬										
内墙抹灰	20			▬									
水泥地面	30				▬	▬							
门窗安装	10						▬						

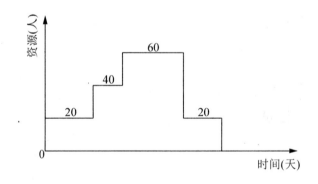

图 2-3　平行施工

由图 2-3 可以看出，平行施工组织方式的特点是充分利用了工作面，完成工程任务的时间最短；施工队组成倍增加，机具设备也相应增加，材料供应集中；临时设施、仓库和堆场面积也要增加，从而造成组织安排和施工管理困难，增加了管理费用。

平行施工一般适用于工期要求紧，大规模建筑群及分期组织施工的工程任务。该方法只有在各方面的资源供应有保障的前提下，才是合理的。

(3)　流水施工组织方式

流水施工组织方式是指所有施工过程按一定的时间间隔依次施工，各个施工过程陆续开工、陆续竣工，同一施工过程的施工班组保持连续、均衡施工，不同的施工过程尽可能平行搭接施工的组织方式。

在例 2-1 中，采用流水施工组织方式，其施工进度计划如图 2-4 所示。

由图 2-4 可以看出：流水施工所需的时间比依次施工短，各施工过程投入的劳动力比平行施工少；各施工队组的施工和物资的消耗具有连续性和均衡性，前后施工过程尽可能平行搭接施工，比较充分地利用了施工工作面；机具、设备、临时设施等比平行施工少，节约施工费用支出；材料等组织供应均衡。

施工过程	班组人数	施工进度/天											
		1	2	3	4	5	6	7	8	9	10	11	12
天棚抹灰	10												
内墙抹灰	20												
水泥地面	30												
门窗安装	10												

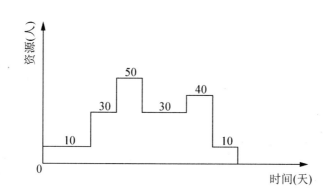

图 2-4 流水施工

组织流水施工具有较好的经济效益，它的优点如下。

① 充分、合理地利用工作面，减少或避免"窝工"现象，缩短工期。

② 资源消耗均衡，从而降低了工程费用。

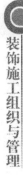

③ 能保持各施工过程的连续性、均衡性，从而提高了施工管理水平和技术经济效益。

④ 能使各施工班组在一定时期内保持相同的施工操作和连续均衡施工，从而有利于提高劳动生产率。

2) 组织流水施工的条件

流水施工的实质是分工协作与成批生产。在社会化大生产的条件下，分工已经形成，由于建筑装饰产品体型庞大，通过划分施工段就可以将单件产品变成假想的多个产品。组织流水施工的条件主要有以下几点。

(1) 划分分部分项工程

首先，将拟建装饰工程根据工程特点及施工要求，划分为若干个分部工程，每个分部工程又根据施工工艺要求、工程量大小、施工队组的组成情况，划分为若干施工过程(即分项工程)。

(2) 划分施工段

根据组织流水施工的需求，将所建工程在平面或空间上，划分成工程量大致相等的若干施工区段。

(3) 每个施工过程组织独立的施工班组

在一个流水施工中，每个施工过程尽可能组织独立的施工班组，其形式可以是专业队，也可以是混合班组，这样可以使每个施工队组按照施工顺序依次地、连续地、均衡地从一个施工段转移到另一个施工段进行相同的施工操作。

(4) 主要施工过程的施工班组必须连续、均衡施工

对工程量较大、施工时间较长的施工过程，必须组织连续、均衡地施工，对其他次要施工过程，可考虑与相邻的施工过程合并或在有利缩短工期的前提下，安排其间断施工。

(5) 不同施工过程尽可能组织平行搭接施工

按照施工先后顺序要求，在有工作面的条件下，除必要的技术和组织间歇时间外，应尽可能组织平行搭接施工。

2. 建筑装饰流水施工的分类

建筑装饰施工流水作业按不同的分类标准可分为不同的类型。

1) 根据流水施工的组织范围划分

(1) 分项工程流水施工(细部流水)

一个工作队利用同一生产工具，依次连续地在各施工区域中完成同一施工过程的施工组织方式，如天棚抹灰、内墙面抹灰等。

(2)　分部工程流水施工

若干个工作队，各队利用同一种工具，依次连续地在各施工区域中完成同一施工过程的施工组织方式。

(3)　单位工程流水施工

所有工作队在同一个施工对象的各施工区域中依次连续地完成各自同样工作的施工组织方式。

(4)　建筑群流水施工

所有工作队在一个建筑群的各施工区域中依次连续地完成各自同样工作的组织方式。

(5)　分别流水施工

分别流水是将若干个分别组织的分部工程流水，按照施工工艺顺序和要求搭接起来，组织成一个单位工程或建筑群的流水施工。

前两种流水是流水施工的基本形式，其中以分部工程流水较为普遍，所以本书主要以分部工程流水为基础来阐明建筑装饰工程施工流水作业的一般原理和组织方法。

2)　按流水节拍的特征划分

(1)　节奏性专业流水施工

(2)　非节奏性专业流水施工

3)　按流水施工的表达方式划分

(1)　横道图

(2)　斜线图

(3)　网络图

2.2　流水施工的主要参数

【学习目标】

掌握流水施工的工艺参数、空间参数、时间参数的含义与确定方法。

流水施工是在组织拟建工程项目流水施工时，用以表达流水施工在工艺流程、空间布置和时间排列等方面开展状态的参数，且流水施工就是在研究工程特点和施工条件的基础上，通过一系列流水参数的计算来实现的。按其性质不同，流水施工的主要参数有工艺参数、空间参数和时间参数。

1. 工艺参数

1) 施工过程数(一般用字母 n 表示)

将施工对象所划分的工作项目称为施工过程，如：室内装饰工程：吊顶→细木装饰→裱糊→电器安装→铺地板→油漆；厨房装饰工程：涂料→砌筑台柜→细木装饰→墙面、柜面→贴饰瓷砖→电器、电热水器安装→铺贴地面材料→油漆→煤气接管等。

施工过程划分的数目多少和粗细程度一般与下列因素(划分施工过程的影响因素)有关。

① 施工计划的性质和作用。

② 施工方案及工程结构。

③ 工程量的大小与劳动力的组织。

④ 施工的内容和范围。

2) 流水强度

流水强度是指某施工过程在单位时间内所完成的工程量，用 V_i 表示。

(1) 机械施工过程的流水强度

$$V_i = \sum_1^x R_i S_i \tag{2-1}$$

式中：R_i——施工过程的某种施工机械台数；

S_i——施工过程的某种施工机械产量定额；

x——施工过程的施工机械种类数。

(2) 手工操作施工过程的流水强度

$$V_i = R_i S_i \tag{2-2}$$

式中：R_i——施工过程的施工班组人数；

S_i——施工过程的施工班组平均产量定额。

2. 空间参数

空间参数主要有工作面、施工段和施工层。

1) 工作面

某专业工种的工人在从事建筑产品施工过程中，所必须具备的活动空间，这个活动空间称为工作面。

2) 施工段数

在组织流水施工时，通常把拟建工程项目在平面上划分为劳动量相等或大致相等的若干个施工区段，这些施工区段称为"施工段"，一般用"m"表示。

划分施工段的目的是为了使各施工队(组)能在不同的工作面上平行作业，为各施工队

(组)依次进入同一工作面进行流水施工作业创造条件。

(1) 划分施工段的原则

① 各施工段上所消耗的劳动量相等或大致相等，以保证各施工班组施工的连续性和均衡性。

② 施工段的数目及分界要合理。

③ 施工段的划分界限要以保证施工质量且不违反操作规程为前提。

④ 当组织楼层结构流水施工时，每一层的施工段数必须大于或等于其施工过程数。即

$$m \geqslant n$$

下面通过实例来看施工段数与施工过程数的关系。

【例 2-2】　某两层结构房屋室内装修，其施工过程为吊顶、铺设木地板和油漆工程，若各工作队在各施工段上的工作时间均为一天，则施工段与施工过程之间的关系可能有下述三种情况。

① 当 m 小于 n 时，根据题意画出流水施工指示图表，如图 2-5 所示。

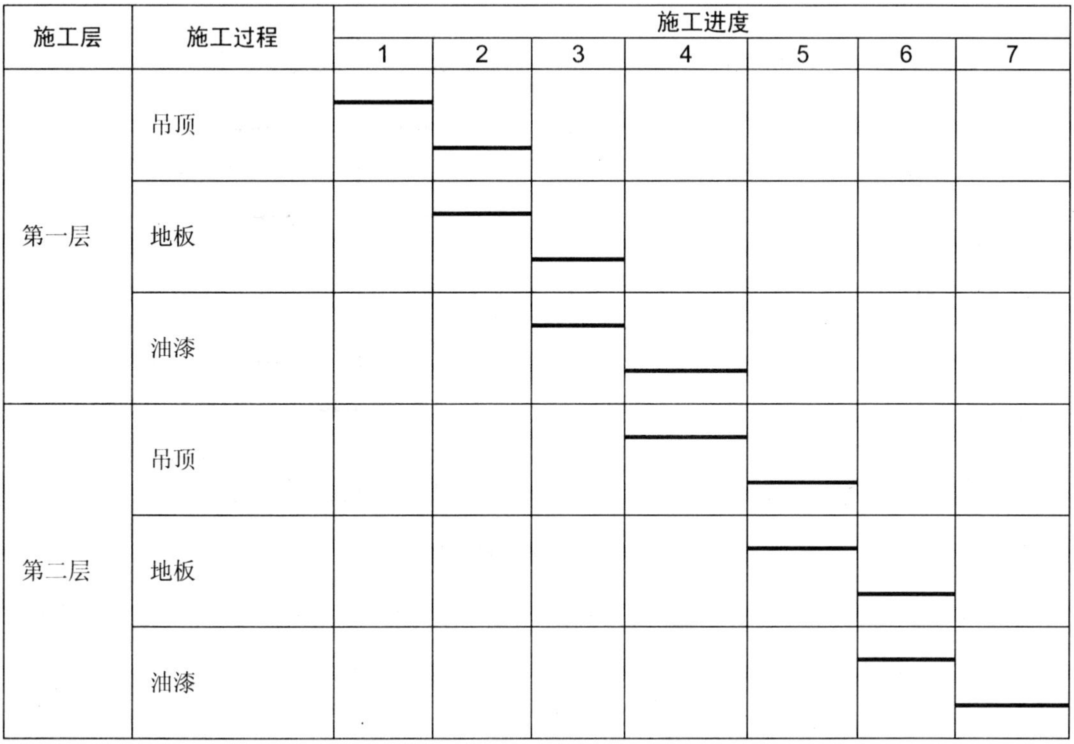

施工层	施工过程	施工进度						
		1	2	3	4	5	6	7
第一层	吊顶							
	地板							
	油漆							
第二层	吊顶							
	地板							
	油漆							

图 2-5　流水施工指示图 1

这种情况下，施工段少于施工过程数，各个施工班组因为没有施工工作面而出现停工现象，施工段上是连续施工的，工作面得到了充分利用。

② 当 m 大于 n 时，根据题意画出流水施工指示图表，如图 2-6 所示。

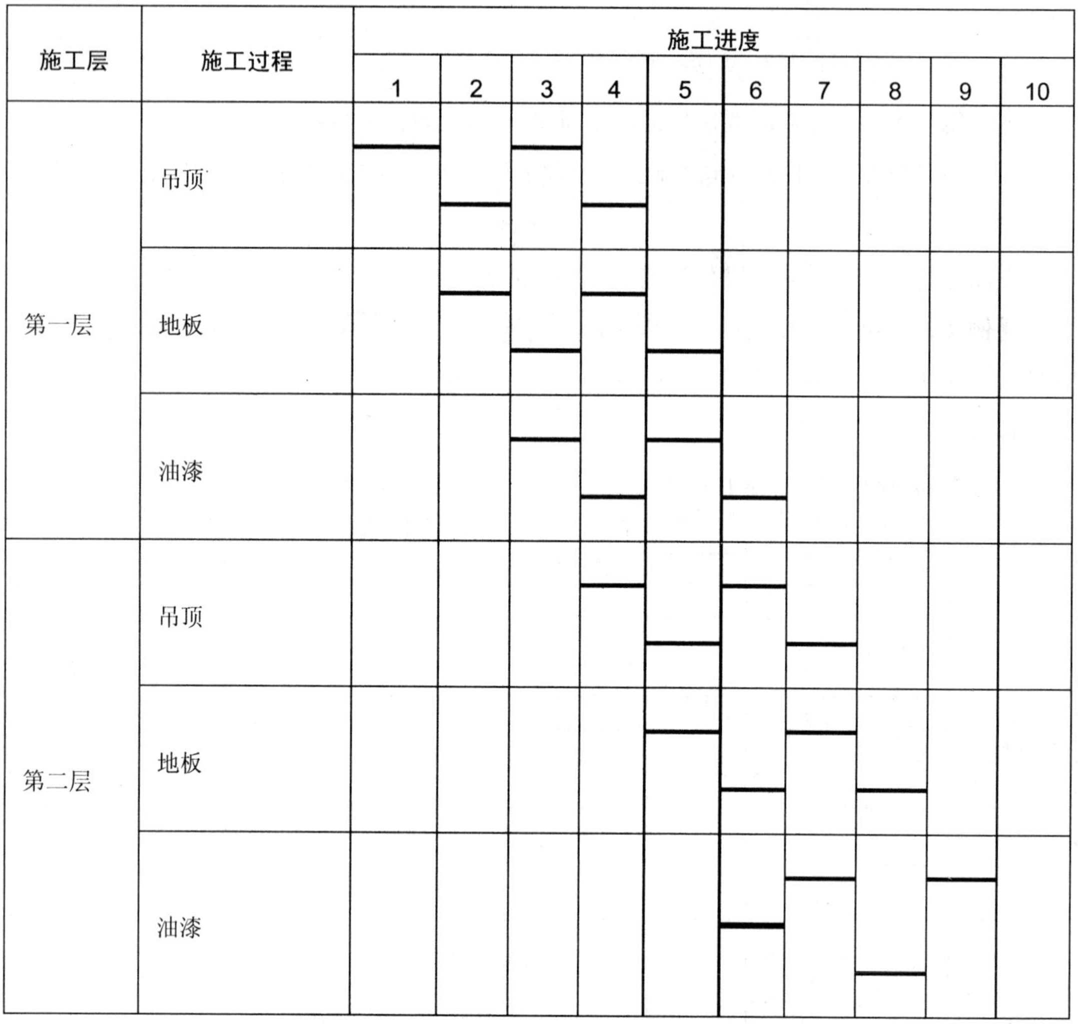

施工层	施工过程	施工进度									
		1	2	3	4	5	6	7	8	9	10
第一层	吊顶										
	地板										
	油漆										
第二层	吊顶										
	地板										
	油漆										

图 2-6 流水施工指示图 2

这种情况下，施工段数多于施工过程数，工作班组都有工作面，工作面有剩余，工作队没有窝工，施工是连续的，但由于施工段数多，工作面小，相对容纳工人数少了，影响了施工进度。

③ 当 m 等于 n 时，根据题意画出施工指示图表，如图 2-7 所示。

在这种情况下，工人既能连续施工，施工段也不出现空闲，是最理想的工作状态。

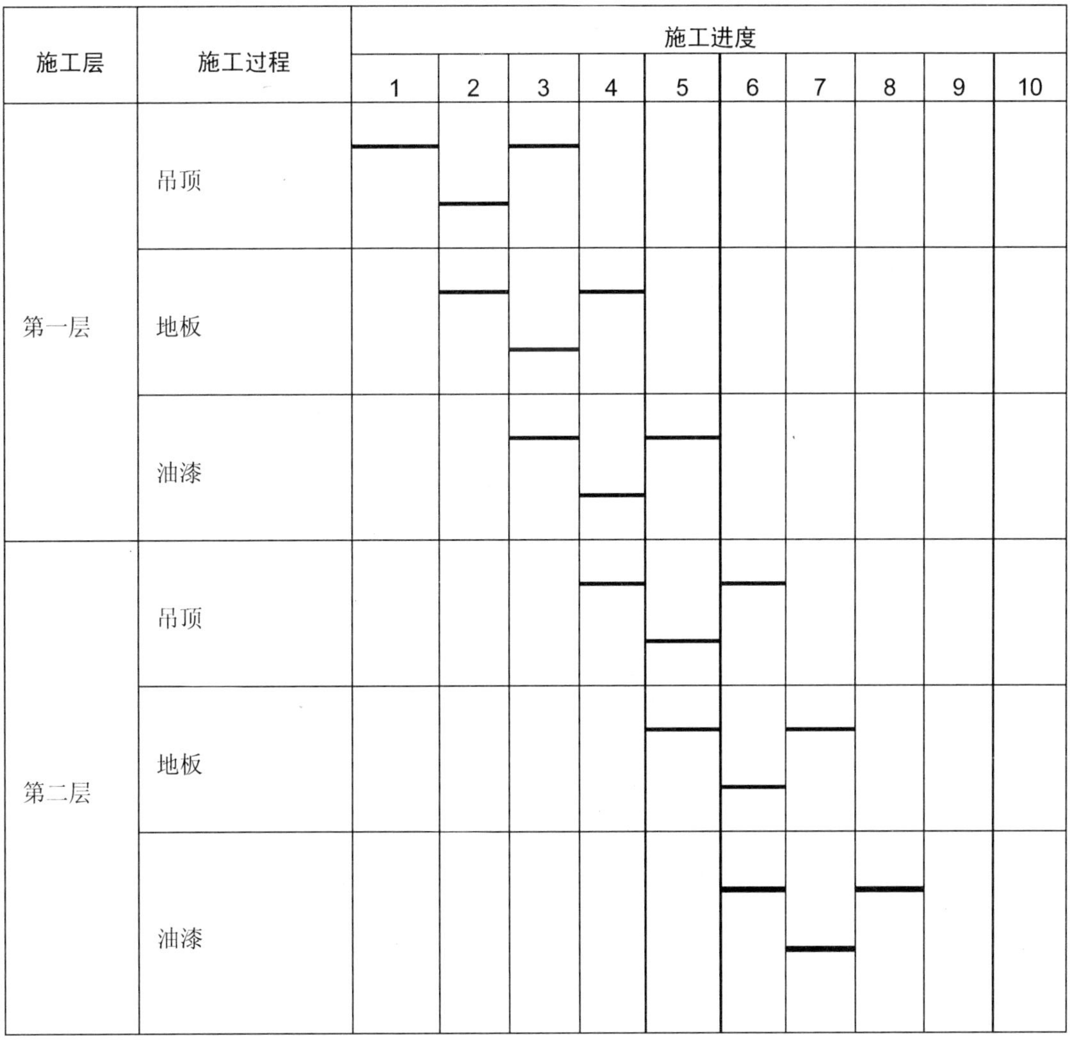

施工层	施工过程	施工进度									
		1	2	3	4	5	6	7	8	9	10
第一层	吊顶										
	地板										
	油漆										
第二层	吊顶										
	地板										
	油漆										

图 2-7 流水施工指示图 3

(2) 划分施工段的一般部位

① 设置有伸缩缝、沉降缝的建筑工程，可按此缝为界划分施工段。

② 单元式的住宅工程，可按单元为界分段。

③ 道路、管线等可按一定长度划分施工段。

④ 多幢同类型建筑，可以以一幢房屋为一个施工段。

⑤ 装饰工程一般以单元或楼层划分。

3) 施工层

为满足竖向流水施工的需要，在建筑物垂直方向上划分的施工区段，称为施工层，一般用"r"表示。

3. 时间参数

流水施工的时间参数一般有流水节拍、流水步距、平行搭接时间、技术组织间歇时间、工期等。

1) 流水节拍

流水节拍是指从事某一个施工过程的施工班组在一个施工段上完成施工任务所需的持续时间，称为流水节拍。用符号"t_i"表示。

(1) 流水节拍的计算方法

① 定额计算法：

$$t_i = \frac{Q_i}{S_i R_i N_i} = \frac{P_i}{R_i N_i} \tag{2-3}$$

$$t_i = \frac{Q_i H_i}{R_i N_i} = \frac{P_i}{R_i N_i} \tag{2-4}$$

式中：t_i——某施工过程在 i 施工段上的流水节拍；

Q_i——某施工过程在 i 施工段上要完成的工程量；

S_i——某施工班组的计划产量定额；

H_i——某施工班组的计划时间定额；

N_i——某专业工作队的工作班次；

P_i——某施工班组在第 i 施工段上的劳动量或机械台班量；

R_i——某施工班组的工作人数或机械台数。

② 工期计算法，又称倒排进度法，具体步骤如下。

根据工期倒排进度，确定某施工过程的工作延续时间。

确定某施工过程在某施工段上的流水节拍。若同一施工过程的流水节拍不等，则用估算法；若流水节拍相等则用下式计算：

$$t = \frac{T}{m} \tag{2-5}$$

③ 经验估算法：

$$t = \frac{a + 4c + b}{6} \tag{2-6}$$

式中：t——某施工过程在某施工段上的流水节拍；

a——某施工过程在某施工段上的最短估算时间；

b——某施工过程在某施工段上的最长估算时间；

c——某施工过程在某施工段上的最可能估算时间。

(2)　确定流水节拍应考虑的因素

①　施工班组人数要适宜，既要满足最小劳动组合人数的要求，又要满足最小工作面的要求。

最小劳动组合，就是指某一施工过程进行正常施工所必需的最低限度的班组人数及其合理组合，如门窗安装就要按技工和普工的最少人数及合理比例组成施工班组，人数过少或比例不当都将导致劳动生产率下降。

最小工作面是指施工班组为保证安全生产和有效操作所必需的工作面。它决定了最高限度可安排多少工人，不能为了赶工期而无限制地增加人数，否则会因为工作面不足而产生窝工。

②　工作班制要恰当。工作班制的确定要看工期的要求。当工期不紧迫，工艺上又无连续施工要求时，可采用一班制；当组织流水施工时为了给第二天连续施工创造条件，某些施工过程可考虑在夜晚进行，即采用二班制；当工期较紧或工艺上要求连续施工，或为了提高施工机械的使用率时，某些项目考虑三班制。

③　机械的台班效率或机械台班产量的大小。

④　流水节拍值一般取整数或取 0.5 天(台班)的整数倍。

2)　流水步距

两个相邻的施工过程的施工班组先后进入同一施工段开始施工的时间间隔，称为"流水步距"，用 $K_{i,i+1}$ 表示。即第 $i+1$ 个施工过程必须在第 i 个施工过程开始工作后的 K 天时间后再开始与第 i 个施工过程平行搭接。

流水步距一般要通过计算才能确定。

流水步距的大小或平行搭接的多少，对工期影响很大，在施工段不变的情况下，流水步距越小，即平行搭接越多，则工期越短。反之，则工期越长。

流水步距的个数取决于参加流水的施工过程数，如果有 n 个施工过程，则流水步距的总数为 $n-1$ 个。

(1)　确定流水步距的原则

①　始终保持两个相邻施工过程的先后工艺顺序。

② 保证各专业工作队都能连续作业。

③ 保证相邻两个专业队在开工时间上最大限度地、合理地搭接。

④ 保证工程质量，满足安全生产。

(2) 确定流水步距的方法

① 公式计算法：

$$K_{i,i+1}=\begin{cases} t_i+t_i-t_d & (t_i \leqslant t_{i+1}) \\ mt_i-(m-1)t_{i+1}+t_j-t_d & (t_i \leqslant t_{i+1}) \end{cases} \tag{2-7}$$

式中：$K_{i,i+1}$——流水步距；

　　　t_i——第 i 个施工过程的流水节拍；

　　　t_{i+1}——第 $i+1$ 个施工过程的流水节拍；

　　　m——施工段数；

　　　t_d——平行搭接时间；

　　　t_j——技术组织间歇时间。

② 累加数列法：采用累加数列法或潘特洛夫斯基方法。

3) 平行搭接时间

在组织流水施工时，有时为了缩短工期，在工作面允许的条件下，如果前一个专业工作队完成部分施工任务后，能够提前为后一个专业工作队提供工作面，使后者提前进入一个施工段，两者在同一个施工段上平行搭接施工。

4) 技术组织间歇时间

技术间歇时间即由于工艺原因引起的等待时间，如砂浆抹面或油漆的干燥时间等。

组织间歇时间即由于组织技术的因素而引起的等待时间，如砌筑墙体之前的弹线、施工人员、机械转移等。

5) 工期

完成一项工程任务或一个流水组施工所需的时间。

计算公式：

$$T=\sum K+T_n \tag{2-8}$$

式中：T_n——最后一个施工过程的施工持续时间。

2.3　流水施工的组织方式

【学习目标】

了解流水施工的分类，掌握不同节奏类型的流水施工的流水步距及工期的计算方法。

根据流水施工节奏的不同可作以下划分。

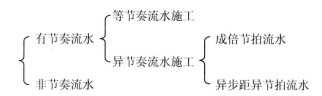

1. 有节奏流水

有节奏流水是指同一施工过程在各个施工段上的流水节拍都相等的一种流水施工方式。

有节奏流水可分为等节奏流水和异节奏流水。

1)　等节奏流水(全等节拍流水)

等节奏流水是指同一施工过程在各个施工段上的流水节拍都相等，并且不同施工过程之间的流水节拍也相等的一种流水施工方式。

等节奏流水根据流水步距的不同可分为两种。

(1)　等节拍等步距流水(全等节拍专业流水)

等节拍等步距流水是指在所组织的流水施工范围内，所有施工过程的流水节拍均为相等的常数的一种流水施工方法。

特点：各施工过程的流水节拍相等；其流水步距均相同且等于一个流水节拍；每个专业工作队都能连续施工，施工段没有空闲；专业工作队队数等于施工过程数。

流水步距等于流水节拍：$K=t$

工期：$$T=(m+n-1)K \quad 或 \quad T=(m+n-1)t \tag{2-9}$$

【例 2-3】某分部工程划分为 A、B、C、D 四个施工过程，每个施工过程分三个施工段，其流水节拍均为 3 天，试组织全等节拍流水施工。

解

①　计算流水步距：

$$K_{A,B}=K_{B,C}=K_{C,D}=3(天)$$

② 计算工期：

$$T=(m+n-1)t=(3+4-1)\times3=18(天)$$

③ 绘制流水指示图如图 2-8 所示。

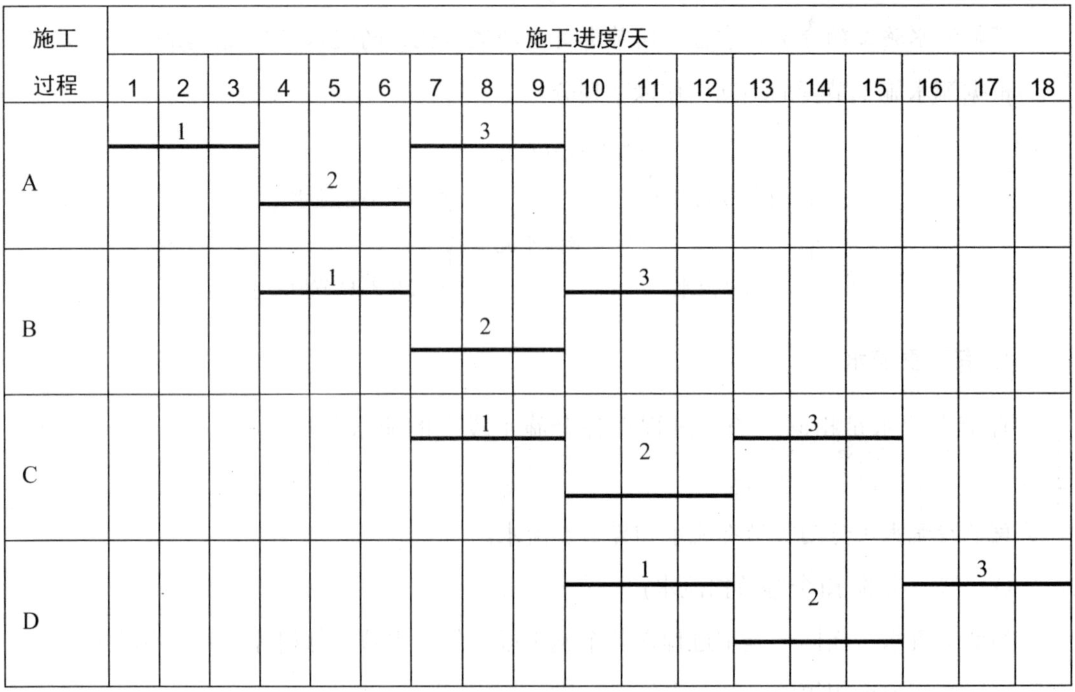

施工过程	施工进度/天																	
	1	2	3	4	5	6	7	8	9	10	11	12	13	14	15	16	17	18
A		1			2			3										
B					1			2			3							
C								1			2			3				
D											1			2			3	

图 2-8　流水施工图示

(2) 等节拍不等步距流水

等节拍不等步距流水即各施工过程的流水节拍相等，但各流水步距不相等。

特点：同一施工过程各施工段上的流水节拍相等，不同施工过程同一施工段上的流水节拍不一定相等；各个施工过程之间的流水步距不一定相等。

流水步距的计算：

$$K_{i,i+1}=\begin{cases} t_i+t_j-t_d & (t_i\leq t_{i+1}) \\ mt_i-(m-1)t_{i+1}+t_j-t_d & (t_i>t_{i+1}) \end{cases}$$

工期的计算： $T=\sum K+T_n$

【例 2-4】 某工程划分为 A、B、C、D 四个施工过程，分三个施工段组织流水施工，各施工过程的流水节拍分别为 $t_A=2$ 天，$t_B=3$ 天，$t_C=5$ 天，$t_D=2$ 天，施工过程 B 完成后需 1 天的技术间歇。试组织流水施工。

解：

① 计算流水步距：

因 $t_A < t_B$，$t_j = 0$，$t_d = 0$

故 $K_{A,B} = t_A + t_j - t_d = 2 + 0 - 0 = 2$(天)

因 $t_B < t_C$，$t_j = 1$，$t_d = 0$

故 $K_{B,C} = t_B + t_j - t_d = 3 + 1 - 0 = 4$(天)

因 $t_C > t_D$，$t_j = 0$，$t_d = 0$

故 $K_{C,D} = mt_C - (m-1)t_D + t_j - t_d = 3 \times 5 - (3-1) \times 2 + 0 - 0 = 11$(天)

② 计算流水工期：

$$T = \sum K + T_n = (2 + 4 + 11) + 3 \times 2 = 23\,(天)$$

③ 绘制流水指示图表，如图 2-9 所示。

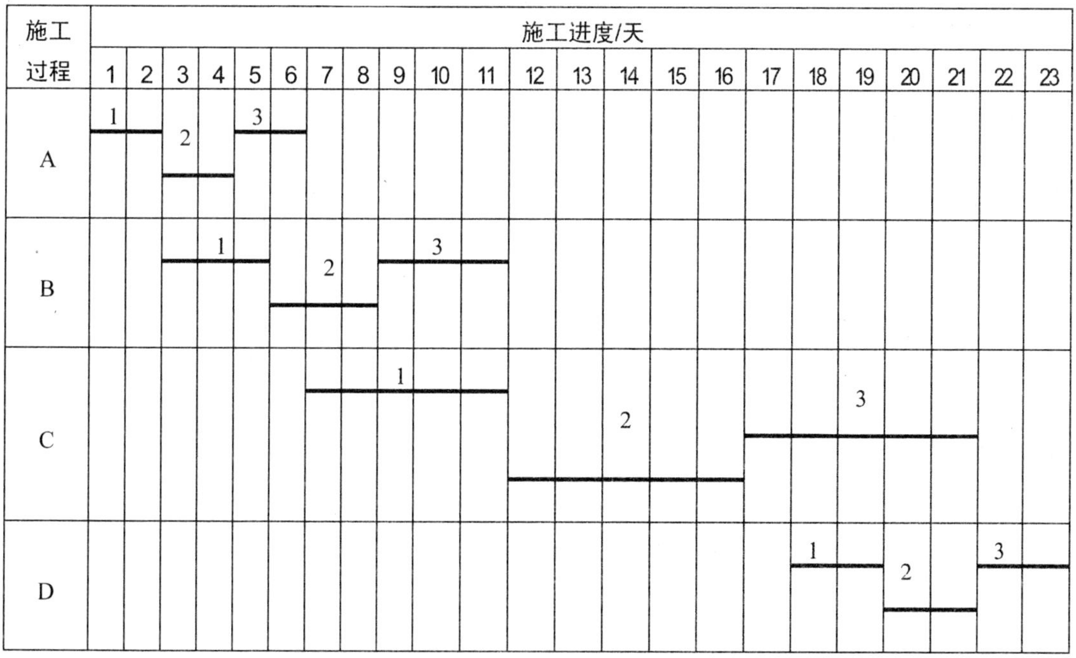

施工过程	施工进度/天																						
	1	2	3	4	5	6	7	8	9	10	11	12	13	14	15	16	17	18	19	20	21	22	23
A																							
B																							
C																							
D																							

图 2-9　流水施工进度计划

2）成倍节拍流水

在组织流水施工时，如果各装饰施工过程在每个施工段上的流水节拍均为其中最小流水节拍的整数倍，为了加快流水施工的速度，可按倍数关系确定相应的专业施工队数目，即构成了成倍节拍流水施工。

成倍节拍流水施工的特点：不仅所有专业施工队都能连续施工，而且实现了最大限度地合理搭接，从而大大缩短了施工工期。

(1) 成倍节拍专业流水概念

成倍节拍专业流水施工是指同一施工过程在各个施工段上的取值节拍彼此相等，不同的施工过程之间流水节拍不完全相等，但各个施工过程的流水节拍均为其中最小流水节拍的整数倍。如某分部工程有 A、B、C、D 四个施工过程，其中 t_A=2 天；t_B=1 天；t_C=3 天；t_D=1 天，就是一个成倍节拍专业流水。

(2) 成倍节拍专业流水特点

① 同一施工过程在各个施工段上的流水节拍彼此相等，不同的施工过程在同一施工段上的流水节拍彼此不相等，但互为倍数关系。

② 流水步距彼此相等，且等于流水节拍的最大公约数。

③ 各专业工作队都能够保证连续施工，施工段没有空闲。

④ 专业工作队数大于施工过程数，即 $n_1 > n$

(3) 成倍节拍专业流水的主要参数的确定

① 流水步距。

流水步距 $K_{i,i+1}$ 均相等，且等于各流水节拍的最大公约数，即

$$K_{i,i+1} = t_{min} \qquad (2\text{-}10)$$

② 施工段数。

在确定施工段数 m 以前，必须先确定各施工过程所需的工作队数 b_i

$$b_i = t_i / t_{min} \qquad (2\text{-}11)$$

式中：b_i——施工过程 i 所需要组织的施工队数；

t_{min}——流水节拍(所有流水节拍中最小的流水节拍)。

专业工作队总数 n_1 的计算公式：

$$n_1 = \sum b_i \qquad (2\text{-}12)$$

$$m = n_1 \qquad (2\text{-}13)$$

③ 总工期：

$$T = (m + n_1 - 1)K_{i,i+1} \qquad (2\text{-}14)$$

【例 2-5】某分部工程有 A、B、C、D 四个施工过程，m=4，流水节拍 t_A = 2 天；t_B=16 天；t_C= 4 天；t_D= 2 天，试组织成倍节拍流水施工。

解：

① 确定流水步距：

$$K_{i,i+1}=t_{min}=2 \text{ 天}$$

② 计算同一专业工作队数：

$$b_A= t_A/t_{min}=2/2=1(个) \quad b_B= t_B/ t_{min}=6/2=3(个)$$

$$b_C= t_C/t_{min}=4/2=2(个) \quad b_D= t_D/ t_{min}=2/2=1(个)$$

施工班组总数 $n_1=\sum b_i=1+3+2+1=7$ (个)

③ 计算流水施工工期：

$$T=(m+n_1-1)K_{i,i+1}=(4+7-1)\times2=20(天)$$

④ 绘制流水施工指示图表，如图 2-10 所示。

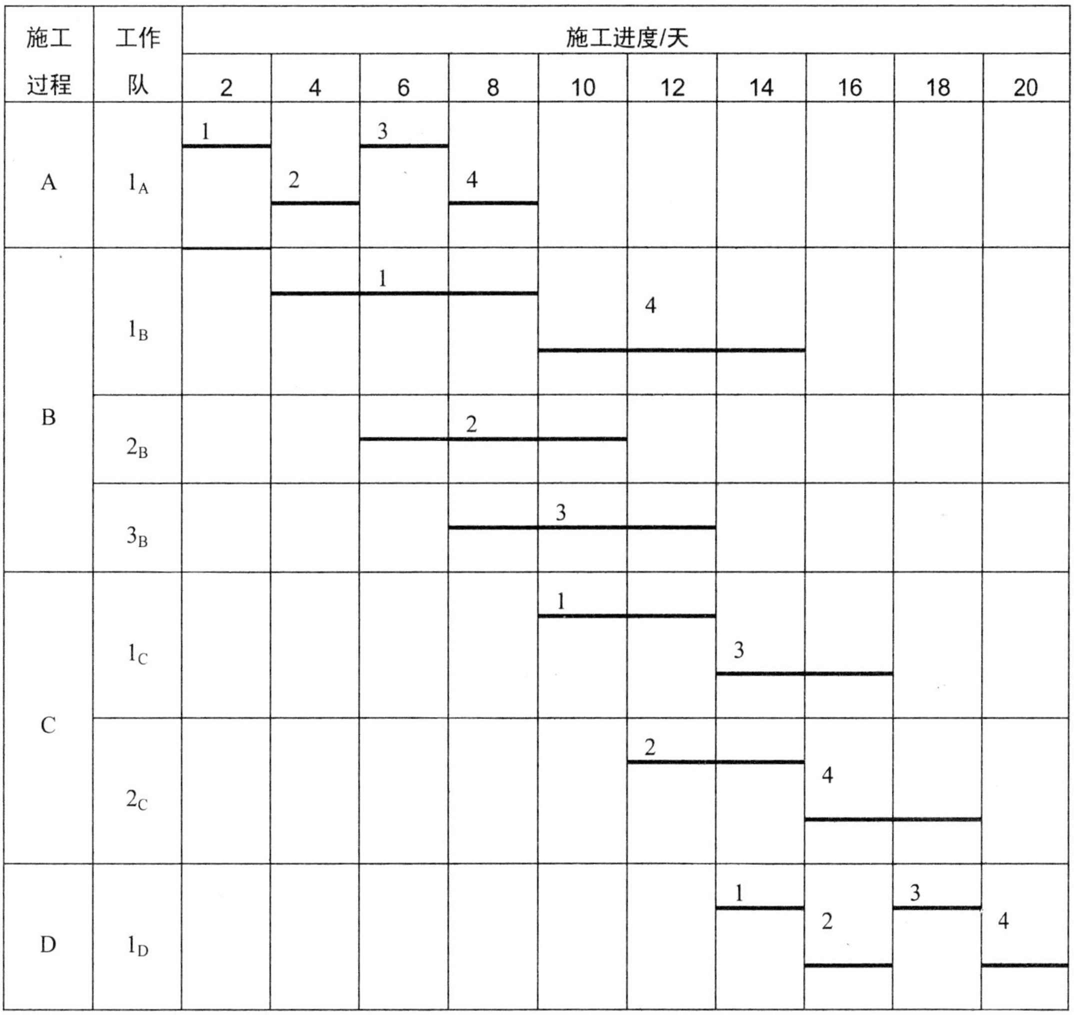

施工过程	工作队	施工进度/天									
		2	4	6	8	10	12	14	16	18	20
A	1_A	1 3 2 4									
B	1_B			1			4				
	2_B			2							
	3_B				3						
C	1_C					1		3			
	2_C						2		4		
D	1_D							1	2	3	4

图 2-10 成倍节拍流水施工进度计划

2. 非节奏流水

非节奏流水施工也称无节奏流水施工、分别流水施工，是指同一施工过程在各个施工段上的流水节拍不完全相等的一种流水施工方式。当各施工段的工程量不等，各施工班组生产效率各有差异，并且不可能组织全等节拍式或成倍节拍流水时，则可组织非节奏流水施工。

1) 非节奏流水施工的特点

非节奏流水施工的特点是：各施工班组在各施工段上可以依次连续施工，但各施工段上并不经常都有施工班组工作。因为非节奏流水施工中，各工序之间不像组织节拍流水那样有一定的时间约束，所以在进度安排上比较灵活。

2) 非节奏流水施工的实质

非节奏流水施工的实质是：各专业施工班组连续流水作业，流水步距经计算确定，使工作班组之间在一个施工段内互不干扰，或前后工作班组之间工作紧紧衔接。因此，组织非节奏流水施工作业的关键在于计算流水步距。

3) 非节奏流水施工主要参数的确定

(1) 计算流水步距：按照"累加数列错位斜减取大差"(简称取大差法)的方法计算。它是由前苏联专家潘特考夫斯基提出的，所以又称"潘氏法"，这种方法的具体步骤如下。

第一步：是将每个施工过程的流水节拍逐段累加；

第二步：错位相减；

第三步：取差值最大者作为流水步距。

(2) 计算工期：

$$T=\sum K +T_n$$

(3) 举例：

【例 2-6】 某工程的流水节拍如表 2-1 所示，试组织流水施工。

表 2-1　各施工过程流水节拍 　　　　　　　　　　　　　　　　　　　　天

施工过程 \ 施工段	1	2	3	4
A	3	2	1	4
B	2	3	2	3
C	1	3	2	3
D	2	4	3	1

解：

(1) 计算流水步距

由于每一个施工过程各施工段上的流水节拍不相等，故采用上述"累加斜减取大差法"计算。

求　$K_{A,B}$

$$
\begin{array}{cccccc}
& 3 & 5 & 6 & 10 & \\
- & & 2 & 5 & 7 & 10 \\
\hline
& 3 & 3 & 1 & 3 & -10
\end{array}
$$

故　$K_{A,B}=3$(天)

求　$K_{B,C}$

$$
\begin{array}{cccccc}
& 2 & 5 & 7 & 10 & \\
- & & 1 & 4 & 6 & 9 \\
\hline
& 2 & 4 & 3 & 4 & -9
\end{array}
$$

故　$K_{B,C}=4$ (天)

求　$K_{C,D}$

$$
\begin{array}{cccccc}
& 1 & 4 & 6 & 9 & \\
- & & 2 & 6 & 9 & 10 \\
\hline
& 1 & 2 & 0 & 0 & -10
\end{array}
$$

故 $K_{C,D}=2$ (天)

(2) 计算工期

$$T=\sum K +T_N=(3+4+2)+(2+4+3+1)=19 \text{ (天)}$$

非节奏流水不像有节奏流水那样有一定的时间约束，在进度安排上比较灵活、自由，适用于各种不同结构性质和规模的工程施工组织，实际应用比较广泛。

思　考　题

一、案例分析题

1. 某工程划分为 A、B、C 三个施工过程，每个施工过程划分三个施工段，各施工段流水节拍均为 3 天，试组织流水施工。

2. 某工程划分为六个施工段和三个施工过程，各施工过程的流水节拍分别为 $t_1=1$ 天，$t_2=2$ 天，$t_3=2$ 天，试组织成倍节拍流水。

3. 根据表 2-2 所示数据，试计算各流水步距和工期，绘制流水施工进度表。

表 2-2　各施工过程流水节拍　　　　　　　　　　　　　　天

施工过程＼施工段	1	2	3	4
A	2	3	2	4
B	2	4	1	3
C	1	3	2	3
D	3	2	3	1

二、问答题

1. 什么是流水施工？它具有哪些特点？

2. 组织流水施工应具备哪些基本条件？

3. 流水施工主要有哪些参数？如何确定？

4. 在确定施工段时，应遵守哪些原则？

5. 在确定流水节拍时，应当注意哪些方面？

6. 在确定流水步距时，应当考虑哪些方面？

7. 流水作业按节奏特征不同，有哪些组织形式？各有什么特点？

第3章 网络计划技术

内容提要

本章主要介绍网络计划的基本概念，双代号网络图的基本表达方式，网络计划时间参数，并以例题的方式介绍网络计划时间参数的计算和施工的组织方法。

技能目标

● 理解网络计划概念；掌握双代号网络计划的编制方法与时间参数计算。

● 了解施工过程之间相互制约、相互联系的逻辑关系。

● 掌握关键工作与关键线路的确定。

● 了解工期优化、资源优化的基本原理。

项目案例导入

网络计划技术于1957年产生于美国杜邦公司。20世纪60年代，华罗庚教授把这种方法引入我国，统称为"统筹法"。"统筹法"作为网络计划管理的一种方法目前已广泛应用于我国工业、国防、信息、土木工程等行业项目的组织和管理工作中，取得了较好的经济效益。

3.1 网络计划的基本概念

【学习目标】

了解网络计划的特点；掌握网络计划的分类与基本组成；掌握双代号网络图的表达形式。

1. 网络图与网络计划

网络计划技术是一种计划管理方法，在工业、农业、国防和复杂的科学研究等计划管理中有着广泛的应用。网络计划技术是以网络图的形式制订计划，求得计划的最优方案，并据以组织和控制生产，达到预定目标的一种科学管理方法。

建筑装饰工程施工进度计划通过施工进度图表来表达建筑装饰产品的施工过程、工艺顺序和相互搭接的逻辑关系。我国长期以来一直是应用流水施工基本原理，采用横道图的形式来编制工程项目施工进度计划的。这种表达方式简单明了、直观易懂、容易掌握，便于检查和计算资源需求情况。但它在表现内容上有许多不足，例如，不能全面而准确地反映出各项工作之间相互制约、相互依赖、相互影响的关系；不能反映出整个计划中的主要部分，即其中的关键工作；难以在有限的资源下合理组织施工、挖掘计划的潜力；不能准确评价计划经济指标；更重要的是不能应用计算机技术。这些不足从根本上限制了横道图进度计划的使用范围。

网络计划的基本原理：首先应用网络图来表达一项计划(或工程)中各项工作的开展顺序及其相互间的关系；然后通过计算找出计划中的关键工作及关键线路；继而通过不断改进网络计划，寻求最优方案，并付诸实施；最后在执行过程中进行有效的控制和监督。

网络计划的作用是用来编制工程项目施工的进度计划和建筑施工企业的生产计划，并通过对计划的优化、调整和控制，达到缩短工期、提高效率、节约劳力、降低消耗的项目施工目标。

1) 横道进度计划与网络计划的特点分析

(1) 横道进度计划

优点：编制比较容易。绘图比较简单，形象表达直观，排列整齐有序，便于对劳动力、材料以及机具的需要量进行统计等。

缺点：

① 不能直接反映出施工过程之间的相互联系、相互依赖和相互制约的逻辑关系。

② 不能明确地反映哪些施工过程是关键的，哪些施工过程是不关键的。

③ 不能计算每个施工过程的各个时间参数。

④ 不能应用电子计算机进行计算，更不能对计划进行科学的调整与优化。

(2) 网络计划

优点：

① 能够明确地反映各施工过程之间的相互逻辑关系，使各个施工过程组成一个有机的统一的整体。

② 由于施工过程之间的逻辑关系明确，便于进行各种时间参数的计算，有利于进行定量分析。

③ 能在错综复杂的计划中找出影响整个工程进度的关键施工过程。

④ 可以利用计算得出的某些施工过程的机动时间，更好地利用和调配人力、物力，以达到降低成本的目的。

⑤　可以利用电子计算机对复杂的计划进行计算、调整与优化，实现计划管理的科学化。

缺点：表达计划不直观、不易看懂，而且不能反映出流水施工的特点及不能直接显示资源的平衡情况。

2)　网络计划的表达方法

网络计划的表达方式就是网络图。所谓网络图是指由箭线和节点组成的，用来表示工作流程的有向、有序的网状图形。

在网络图中，按节点和箭线所表示的含义不同，可分为双代号网络图和单代号网络图两大类。

(1)　双代号网络图

以箭线及其两端节点的编号表示工作的网络图称为双代号网络图。即用两个节点一个箭线代表一项工作，工作名称写在箭线上面，工作持续时间写在箭线下面，在箭线前后的衔接处画上节点编上号码，并以节点编码 i 到 j 代表一项工作名称，如图 3-1 所示。

将所有施工过程根据施工顺序和相互关系，用"双代号表示法"从左到右绘制成的图形，叫作"双代号网络图"。

(2)　单代号网络图

以节点及其编号表示工作，以箭线表示工作之间的逻辑关系的网络图称为单代号网络图，即每一个节点表示一项工作，节点所表示的工作名称、持续时间和工作代号等标注在节点内，如图 3-2 所示。

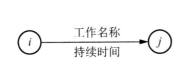

图 3-1　双代号表示方法　　　　图 3-2　单代号表示方法

3)　网络计划的分类

用网络图表达任务构成、工作顺序并加注工作时间参数的进度计划称为网络计划。网络计划的种类很多，可以从不同的角度进行分类，具体分类方法如下。

(1)　按绘制网络图的代号不同分类

①　双代号网络计划，是以双代号网络表示的计划，双代号网络图是以箭线及其两端节点的编号表示工作的网络图。

② 单代号网络计划,是以单代号网络表示的计划,单代号网络图是以节点及其节点编号表示工作,以箭线表示工作之间逻辑关系的网络图。

(2) 按肯定与非肯定不同分类

① 肯定型网络计划。计划形成要素(包括工作、工作之间的逻辑关系和工作持续时间)都为确定不变的网络计划称为肯定型网络计划。

② 非肯定型网络计划。计划形成要素中有任一项或多项不确定的网络计划称为非肯定型网络计划。

(3) 按网络计划的目标分类

① 单目标网络计划。只有一个最终目标的网络计划称为单目标网络计划。

② 多目标网络计划。由若干个独立的最终目标与其相互有关工作组成的网络计划称为多目标网络计划。

(4) 按网络计划层次分类

① 局部网络计划。以一个分部工作或施工段为对象编制的网络计划称为局部网络计划。

② 单位工程网络计划。以一个单位工程为对象编制的网络计划称为单位工程网络计划。

③ 综合网络计划。以一个建设项目或建筑群为对象编制的网络计划称为综合网络计划。

(5) 按网络计划时间表达方式分类

① 时标网络计划。工作的持续时间以时间坐标为尺度编制的网络计划称为时标网络计划。

② 非时标网络计划。工作的持续时间以数字形式标注在箭线下面绘制的网络计划称为非时标网络计划。

2. 双代号网络图

1) 双代号网络图的基本符号

双代号网络图的基本符号是箭线、节点及编号。

(1) 箭线

网络图中一端带箭头的实线即为箭线。在双代号网络图中,它与其两端的节点表示一项工作。箭线表达的内容如下。

① 一根箭线表示一项工作或表示一个施工过程。根据网络计划的性质和作用的不同,

工作既可以是一个简单的施工过程，如挖土、铺贴木地板等分项工程或者基础工程、主体工程、装饰工程等分部工程；工作也可以是一项复杂的工作任务，如教学楼装修工程等单位工程或者教学楼工程等单项工程。如何确定一项工作的范围取决于所绘制的网络计划的作用。

②　一根箭线表示一项工作所消耗的时间与资源，分别用数字标注在箭线的下方和上方。一般而言，每项工作的完成都要消耗一定的时间和资源，如铝合金门窗安装、砖墙隔断等；也存在只消耗时间而不消耗资源的工作，如油漆养护、砂浆找平层干燥等技术间歇，若单独考虑时，也可作为一项工作对待。

③　在无时间坐标的网络图中，箭线的长度不代表时间的长短，在有时间坐标的网络图中，箭线的长度必须根据完成该项工作所需时间长短按比例绘制。

④　线的方向表示工作进行的方向和前进的路线，箭尾表示工作的开始，箭头表示工作的结束。

⑤　箭线可以画成直线、折线和斜线，必要时也可以画成曲线，但应以水平直线为主，一般不宜画成垂直线。

(2)　节点

在网络图中，表示工作的开始、结束或连接关系的圆圈，称为节点。在双代号网络图中，它表示工作之间的逻辑关系，节点表达的内容有以下几个方面。

①　节点表示前面工作结束和后面工作开始的瞬间，所以节点不消耗时间和资源。

②　箭线的箭尾节点表示该工作的开始，箭线的箭头节点表示该工作的结束。

③　根据节点在网络图中的位置不同可以分为起点节点、终点节点和中间节点。起点节点是网络图的第一个节点，表示一项工作的开始。终点节点是网络图的最后一个节点，表示一项任务的完成。除起点节点和终点节点以外的节点称为中间节点，中间节点都有双重的含义，既是前面工作的结束节点，也是后面工作的起点节点，如图 3-3 所示。

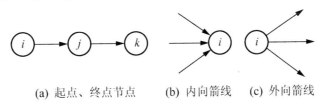

(a) 起点、终点节点　　(b) 内向箭线　　(c) 外向箭线

图 3-3　内向箭线和外向箭线

(3)　节点的编号

网络图中的每个节点都有自己的编号，以便给工作赋予代号，从而方便计算网络图的

时间参数和检查网络图是否正确。

① 节点编号必须满足两条基本原则。其一，箭头节点编号必须大于箭尾节点编号，因此节点编号的顺序是：箭尾节点编号在前，箭头节点编号在后；在一个网络图中，所有节点不能重复编号，可以按自然数顺序编号，也可以非连续编号，以便适应网络计划调整中增加工作的需要，编号留有余地。

② 节点编号的方法有两种：一种是水平编号法，即从起点开始由上到下逐行编号，每行自左到右顺序编号；另一种是垂直编号法，即从起点开始自左到右逐列编号，每列则根据编号规则的要求进行编号。

2) 单代号网络计划的基本符号

单代号网络计划的基本符号也是箭线、节点和节点编号。

① 箭线。单代号网络图中，箭线表示紧邻工作之间的逻辑关系。箭线应画成水平直线、折线或斜线。箭线的水平投影自左向右，表达工作的进行方向。

② 节点。单代号网络图中的每一个节点表示一项工作，宜用圆圈或矩形表示。节点所表示的工作名称、持续时间和工作代号等应标注在节点内。

③ 节点编号。单代号网络图的节点编号与双代号网络图一样。

3) 紧前工作、紧后工作、平行工作

(1) 紧前工作

紧排在本工作之前的工作称为本工作的紧前工作。在双代号网络图中，本工作和紧前工作之间可能有虚工作。

(2) 紧后工作

紧排在本工作之后的工作称为本工作的紧后工作。在双代号网络图中，本工作与紧后工作之间可能有虚工作。

(3) 平行工作

可与本工作同时进行的工作称为本工作的平行工作。

4) 内向箭线和外向箭线

(1) 内向箭线

指向某个节点的箭线称为该节点的内向箭线，如图 3-3(b)所示。

(2) 外向箭线

从某节点引出的箭线称为该节点的外向箭线，如图 3-3(c)所示。

5) 虚工作及其应用

双代号网络图中，只表示前后相邻工作之间的逻辑关系，既不占用时间，也不耗用资源的虚拟的工作称为虚工作。虚工作用虚箭线表示，其表达形式可垂直方向向上或向下，也可水平方向向右，如图 3-4 所示，虚工作起着联系、区分、断路三个作用。

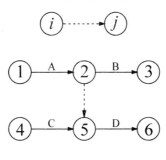

图 3-4　虚工作的表示

6) 线路、关键线路和关键工作

(1) 线路

线路是指从网络图的开始结点到终点节点，沿着箭头方向通过一系列箭线与节点的通路。一个网络图中，从起点节点到终点节点，一般都存在着许多条线路，每条线路都包含若干项工作，这些工作的持续时间之和就是该线路的时间长度，即线路上总的工作持续时间。

(2) 关键线路和关键工作

线路上总的工作持续时间最长的线路称为关键线路。如图 3-5 所示，线路 ①—②—③—⑤—⑥总的工作持续时间最长，即为关键线路。其余线路称为非关键线路。位于关键线路上的工作称为关键工作。关键工作完成的快慢将直接影响整个计划工期的实现。

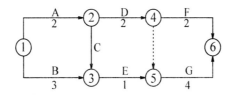

图 3-5　双代号网络图

一般来说，一个网络图中至少有一条关键线路。关键线路也不是一成不变的，在一定的条件下，关键线路和非关键线路会相互转化。例如，当采取技术组织措施，缩短关键工作的持续时间，或者非关键工作持续时间延长，就有可能使关键线路发生转移。网络计划中，关键工作的比重往往不宜过大，网络计划愈复杂工作节点愈多，则关键工作的比重应

该越小，这样有利于抓住主要矛盾。

非关键线路都有若干机动时间(即时差)，它意味着工作完成日期容许适当变动而不影响工期。时差的意义就在于可以使非关键工作在时差允许范围内将施工进度放慢，将部分人、财、物转移到关键工作上去，以加快关键工作的进程；或者在时差允许范围内改变工作开始和结束时间，以达到均衡施工的目的。

关键线路宜用粗箭线、双箭线或彩色箭线标注，以突出其在网络计划中的重要位置。

3.2　网络图的绘制

【学习目标】

了解网络图的逻辑关系及其正确的表达方式；掌握双代号网络图的绘制原则和基本方法。

1. 网络图的逻辑关系及其正确表达方式

1)　网络图的逻辑关系

逻辑关系是指网络计划中所表示的各个施工过程之间的相互制约或依赖的关系。工作之间的逻辑关系包括工艺逻辑关系和组织逻辑关系。

(1)　工艺逻辑关系

工艺逻辑关系是由施工工艺所决定的各个施工过程之间客观上存在的先后顺序关系。或者是非生产性工作之间由工作程序决定的先后顺序关系，例如，建筑施工时，先做基础，后做主体；先做结构，后做装修。工艺关系是不能随意改变的。

(2)　组织逻辑关系

组织逻辑关系是施工组织安排中，考虑劳动力、机具、材料或工期等影响，在各施工过程之间主观上安排的施工先后顺序关系。人为安排工作的先后顺序关系，例如，建筑群中各个建筑物的开工顺序先后；施工对象的分段流水作业等。组织顺序可以根据具体情况，按安全、经济、高效的原则统筹安排。

2)　逻辑关系的表达

在网络图中，各施工过程之间有多种逻辑关系。在绘制网络图时，必须正确反映各施工过程之间的逻辑关系。

①　施工过程 A、B、C 依次完成，如图 3-6 所示。

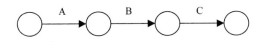

图 3-6　逻辑关系 1

②　施工过程 B、C 在施工过程 A 完成后同时开始，如图 3-7 所示。

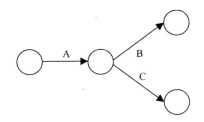

图 3-7　逻辑关系 2

③　施工过程 C、D 在施工过程 A、B 完成后同时开始，如图 3-8 所示。

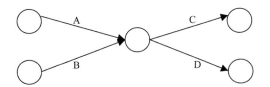

图 3-8　逻辑关系 3

④　施工过程 C 在施工过程 A、B 完成之后开始，施工过程 D 在施工过程 B 完成之后开始，如图 3-9 所示。

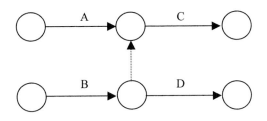

图 3-9　逻辑关系 4

⑤　施工过程 A 完成后施工过程 C、D 开始，施工过程 B 完成后施工过程 E、D 开始，如图 3-10 所示。

⑥　用网络图表示流水施工时，两个没关系的施工过程之间，有时会产生有联系的错误。

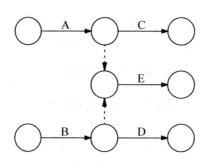

图 3-10　逻辑关系 5

解决办法：用虚箭线切断不合理的联系，以消除逻辑的错误，如图 3-11 所示。

例如，某三跨车间地面水磨石工程，现将其分为 A、B、C 三个施工段，按镶玻璃条、铺抹水泥石子浆面层、砂浆面磨光三个施工过程进行搭接施工，其施工持续时间如表 3-1 所示。

表 3-1　施工持续时间

施工过程名称	持续时间		
	A 跨	B 跨	C 跨
镶玻璃条	4	3	4
铺水泥石子	3	2	3
浆面磨光	2	1	2

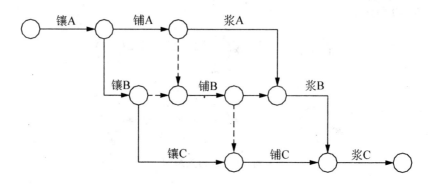

图 3-11　用虚工作断开的地面水磨石工程生产网络图

2. 双代号网络图的绘制方法

正确绘制双代号网络图是网络计划应用的关键，因此绘图时，必须做到以下几个方面。

①　正确表示各种逻辑关系。

②　遵守绘图的基本原则。

③　选择适当的绘图排列方法。

双代号网络图必须正确表达已定的逻辑关系。例如，已知网络图的逻辑关系如表 3-2 所示。若绘制出网络图 3-12(a)就是错误的，因为 D 的紧前工作没有 A。此时可引入虚工作横向断路法或竖向断路法将 D 与 A 的关系断开，如图 3-12(b)、(c)、(d)所示。

表 3-2　逻辑关系

工　作	A	B	C	D
紧前工作	—	—	A，B	B

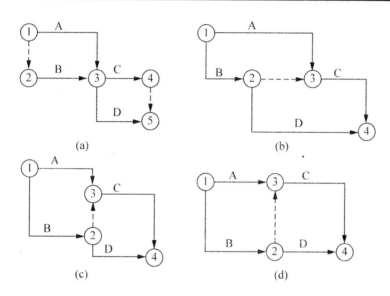

图 3-12　双代号网络图

3. 绘制网络图的基本原则及要求

1)　绘制原则

①　一张网络图只允许有一个开始节点和一个终点节点，如图 3-13 所示。

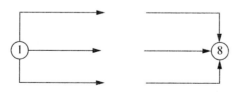

图 3-13　绘制原则 1

②　在网络图中，不允许出现闭合回路，如图 3-14 所示。

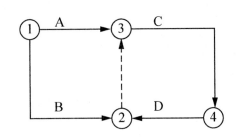

图 3-14　绘制原则 2

③　一张网络图中，不允许出现一个代号代表两个施工工程，如图 3-15 所示。

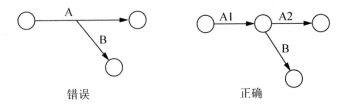

错误　　　　　　　　　　　　正确

图 3-15　绘图原则 3

④　在一张网络图中，不允许出现同样编号的节点和箭线，如图 3-16 所示。

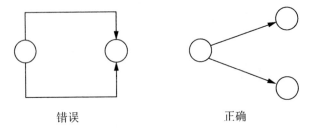

错误　　　　　　　　　　　　正确

图 3-16　绘图原则 4

⑤　在网络图中，不允许出现无箭头或有双箭头的连线，如图 3-17 所示。

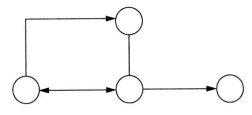

图 3-17　绘图原则 5

⑥　在网络图中，应尽量避免交叉箭杆，当确实无法避免时，应采用过桥法或断线法表示，如图 3-18 所示。

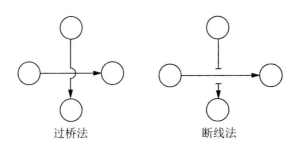

过桥法　　　　　　　　断线法

图 3-18　绘图原则 6

2)　事件编号

①　从左到右依次进行或从上到下进行。

②　箭头节点编号大于箭尾节点编号。

③　编号不能重复，但可以隔号。

3)　绘制要求

(1)　绘制步骤

①　根据给定的逻辑关系绘制网络草图。

②　根据题意检查和整理网络图，去掉多余的虚工作。

(2)　绘制要求

①　网络图的箭线应以水平线为主，竖线和斜线为辅。

②　在网络图中，箭线应保持从左到右的方向，避免出现"反向箭线"。

③　在网络图中，应尽量减少不必要的虚箭线。

4．网络图的拼图

1)　网络图的排列

(1)　按施工过程排列

根据施工顺序把各施工过程按垂直方向排列，施工段按水平方向排列。

例：某基础工程有挖土、垫层、砌基础墙、回填土等施工过程，分三个施工段组织流水施工，试按施工过程排列绘制网络图。

(2)　按施工段排列

把同一施工段上的有关施工过程按水平方向排列，施工段按垂直方向排列。

例：某基础工程有挖土、垫层、砌基础墙、回填土等施工过程，分三个施工段组织流水施工，试按施工段排列绘制网络图。

(3) 按楼层排列

例：五层内装修工程分地面、天棚粉刷、内墙粉刷、安装门窗四个施工过程，按自上而下顺序组织施工，试按楼层排列绘制网络图。

(4) 按工程幢号排列

用于多幢房屋的群体工程施工的网络计划，是将每幢房屋划分为若干个分部工程，并将它们按水平方向排列，幢号按垂直方向排列。

2) 网络图的合并

为了简化网络图，可将较详细的相对独立的局部网络图变为较概括的少箭线的网络图。

合并的方法：保留局部网络图中与外部工作相联系的节点，合并后箭线所表达的工作持续时间为合并前该部分网络图中相应最长线路的工作时间之和。

(1) 网络图的连接

在绘制一个工程规模比较复杂或有多幢房屋工程的网络计划时，一般先按不同的分部工程编制局部网络图，然后根据其相互之间的逻辑关系进行连接，形成一个总体网络图。

(2) 网络图的详略组合

在一个施工计划的网络图中，应以"局部详细，整体粗略"的方式来突出重点，说明计划中的主要问题，或者采用某阶段详细，其他阶段粗略的方法使图形简化。

【例3-1】 根据表3-3所示数据(先填写紧后工作)，绘制双代号网络图。

表3-3 工作的逻辑关系及持续时间

工作	A	B	C	D	E	F	G	H	I	J
紧前		A	B	B	B	C, D	C, E	F, G	F	H, I
紧后	B	D, C, E	F, G	F	G	I, H	H	J	J	

解：网络图如图3-19所示。

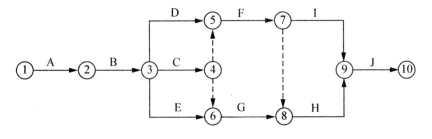

图3-19 网络图

3.3 双代号网络图的时间参数计算

【学习目标】

掌握双代号网络图的时间参数及其表达符号；掌握双代号网络图时间参数的计算方法。

双代号网络图时间参数计算的目的是为网络计划的执行、调整和优化提供必要的时间依据。

双代号网络图时间参数计算的内容有：计算各个事件的最早时间和最迟时间；各项工作的最早开始时间、最迟开始时间；最早完成时间、最迟完成时间；各项工作的自由时差、总时差。

双代号网络图时间参数计算的方法有图上计算法、表上计算法、矩阵法和电算法。

1. 网络计划时间参数及其符号

1) 工作持续时间

工作持续时间是指一项工作从开始到完成的时间。其计算方法有定额计算法、经验估算法、倒排计划法。

2) 工期

工期是指完成一项任务所需要的时间。一般有三种工期。

① 计算工期。是指根据时间参数计算所得到的工期，用 T_c 表示。

② 要求工期。是指任务委托人提出的指令性工期，用 T_r 表示。

③ 计划工期。是指根据要求工期和计算工期所确定的实施目标的工期，用 T_p 表示。

当规定了要求工期时：$T_p \leqslant T_r$

当未规定要求工期时：$T_p = T_c$

3) 节点时间参数

(1) 节点最早时间

双代号网络计划中，以该节点为开始节点的各项工作的最早开始时间，称为节点最早时间，用 T_{E-i} 表示。

计算方法：顺着箭线方向相加，逢箭头相撞取大值。

公式：

$$\left.\begin{array}{l} T_{E-i} = 0 \qquad\qquad\qquad (i=0) \\ T_{E-j} = \max(T_{E-i} + D_{i-j}) \quad (0 < i < j \leqslant n) \end{array}\right\} \qquad (3\text{-}1)$$

式中：$T_{E\text{-}i}$——任意节点 i 的最早时间；

$T_{E\text{-}j}$——任意节点 i 的紧后节点 j 的最早时间；

$D_{i\text{-}j}$——工作 $i\text{-}j$ 的持续时间。

(2) 节点最迟时间

双代号网络计划中，以该节点为完成节点的各项工作的最迟完成时间，称为节点最迟时间，用 $T_{i\text{-}L}$ 表示。

计算方法：逆着箭线方向相减，逢箭尾相幢取小值。

公式：

$$
\left.
\begin{array}{l}
T_{L\text{-}n} = T_{E\text{-}n} \\
T_{L\text{-}i} = T_{L\text{-}j} - D_{i\text{-}j} \qquad (0 < i < j \leqslant n)
\end{array}
\right\}
\tag{3-2}
$$

4) 工作时间参数

(1) 最早开始时间和最早完成时间

最早开始时间是指各紧前工作全部完成后，本工作有可能开始的最早时刻。工作 $i\text{-}j$ 的最早开始时间用 $ES_{i\text{-}j}$ 表示。

最早完成时间是指各紧前工作全部完成后，本工作有可能完成的最早时刻。工作 $i\text{-}j$ 的最早完成时间用 $EF_{i\text{-}j}$ 表示。

公式：

$$
\left.
\begin{array}{l}
ES_{i\text{-}j} = T_{E\text{-}i} \\
EF_{i\text{-}j} = ES_{i\text{-}j} + D_{i\text{-}j}
\end{array}
\right\}
\tag{3-3}
$$

式中：$ES_{i\text{-}j}$——工作 $i\text{-}j$ 的最早开始时间；

$EF_{i\text{-}j}$——工作 $i\text{-}j$ 的最早完成时间。

(2) 最迟开始时间和最迟完成时间

最迟开始时间是指在不影响整个任务按期完成的前提下，工作必须开始的最迟时刻。工作 $i\text{-}j$ 的最迟开始时间用 $LS_{i\text{-}j}$ 表示。

最迟完成时间是指在不影响整个任务按期完成的前提下，工作必须完成的最迟时刻。工作 $i\text{-}j$ 的最迟完成时间用 $LF_{i\text{-}j}$ 表示。

公式：

$$
\left.
\begin{array}{l}
LF_{i\text{-}j} = T_{L\text{-}j} \\
LS_{i\text{-}j} = LF_{i\text{-}j} - D_{i\text{-}j}
\end{array}
\right\}
\tag{3-4}
$$

式中：$LF_{i\text{-}j}$——工作 $i\text{-}j$ 的最迟开始时间；

$LS_{i\text{-}j}$——工作 $i\text{-}j$ 的最迟完成时间。

（3）　总时差和自由时差

总时差是指各项工作在不影响总工期的前提下所具有的机动时间。工作 $i\text{-}j$ 的总时差用 $\text{TF}_{i\text{-}j}$ 表示。

公式：

$$\text{TF}_{i\text{-}j}=T_{\text{L-}j}-(T_{\text{E-}i}+D_{i\text{-}j}) \tag{3-5}$$

自由时差是指各项工作在不影响其紧后工作最早开始时间的情况下所具有的机动时间。工作 $i\text{-}j$ 的自由时差用 $\text{FF}_{i\text{-}j}$ 表示。

公式：

$$\text{FF}_{i\text{-}j}=T_{\text{E-}j}-(T_{\text{E-}i}+D_{i\text{-}j}) \tag{3-6}$$

式中：$\text{FF}_{i\text{-}j}$——工作 $i\text{-}j$ 的自由时差。

总时差与自由时差的比较如图 3-20 所示。

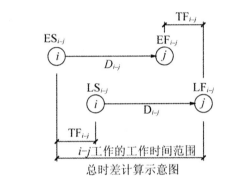

总时差计算示意图

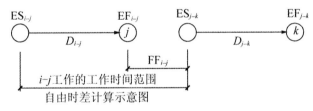

自由时差计算示意图

图 3-20　总时差与自由时差的比较

（4）　判别关键工作

①　网络图中所有线路持续时间最长者为关键线路。

②　当 $T_{\text{p}}=T_{\text{c}}$ 时，总时差为 0 者为关键线路。

③　当 $T_{\text{p}}=T_{\text{c}}$ 时，总时差为 $T_{\text{p}}-T_{\text{c}}$ 者为关键线路。

2. 图上法计算实例

【例 3-2】　某双代号网络图如图 3-21 所示，各工作的工作时间标注在箭线下面，请计算各工作的时间参数，并确定关键线路和工期。

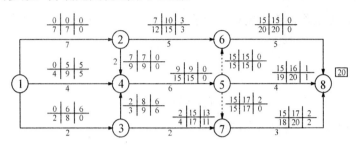

图 3-21 某工程网络图

解： 按下列步骤进行。

① 在每个工作名称的上方画上"草字头"形状的格子。

② 从左到右计算最早开始时间，用加法计算最早完成时间；将计算结果标注在图例指定的位置，在终点节点的右方用方框标注计算工期。

③ 从右到左计算最迟完成时间，用减法计算最迟开始时间；将计算结果标注在图例指定的位置。

④ 计算总时差和自由时差，将计算结果标注在图例指定的位置。

⑤ 寻找关键线路，并用实线或双线标注在图上。

此题关键线路为①—②—④—⑤—⑥—⑧工期为 20 天。

3.4 双代号时标网络计划

【学习目标】

了解时标网络计划的概念及特点；了解时标网络计划的分类；掌握时标网络计划的绘制方法。

1. 时标网络计划的概念及特点

1) 双代号时标网络计划的概念

双代号时标网络计划是综合应用横道图的时间坐标和网络计划的原理，是在横道图的基础上引入网络计划中各工作的逻辑关系的表达方法。

2) 时标网络计划的特点

① 时标网络计划中工作箭线的长度与工作的持续时间长度一致。

② 可直接显示各工作的时间参数和关键线路。

③　由于受到时间坐标的限制，所以时标网络计划不会产生"闭合回路"。

④　可以直接在时标网络图的下方绘出资源动态曲线，便于分析，平衡调度。

⑤　由于时标网络计划中工作箭杆线长度和位置受时间坐标的限制，因此它的修改和调整没有无时标网络方便。

3)　双代号时标网络计划适用范围

①　工作项目较少、工艺过程比较简单的工程。

②　局部网络工程。

③　作业性网络工程。

④　使用实际进度前锋线进行进度控制的网络计划。

2. 时标网络计划的一般规定及分类

1)　一般规定

①　双代号时标网络计划必须以水平时间坐标为尺度表示工作时间，时标的时间单位可为时、天、月、季。

②　时标网络计划应以实箭线表示工作，以虚箭线表示虚工作，以波浪线表示工作的自由时差。

③　时标网络计划中节点中心必须对准相应的时标位置，虚工作的水平投影长度表示工作的自由时差。

2)　时标网络计划的分类

①　早时标网络计划——按节点最早时间绘制的网络计划。

②　迟时标网络计划——按节点最迟时间绘制的网络计划。

3. 时标网络计划的绘制方法

1)　直接绘制法

①　将起点节点定位在时间坐标横轴为零的纵轴上。

②　按工作持续时间在时间坐标上绘制以起点节点为开始节点的各工作箭线。

③　其他工作的开始节点必须在该工作的全部紧前工作都绘出后，定位在这些紧前工作最晚完成的时标纵轴上。某些工作的箭线长度不足以达到该节点时，用波浪线来补足，箭头画在波浪线与节点连接处。

④　用以上方法从左到右依次确定其他节点的位置，直至网络计划的终点节点定位为止。

【例 3-3】 用直接绘制法绘制时标网络图，如图 3-22 所示。

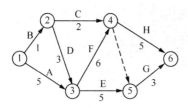

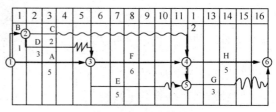

早时标网络计划直接法绘制　　　　　迟时标网络计划直接法绘制

图 3-22　直接法绘制

2)　间接绘制法

①　绘制双代号网络图，计算时间参数，找出关键线路，确定关键工作。

②　根据实际需要确定时间单位并绘制时标横轴。

③　根据工作最早开始时间或节点的最早时间确定各节点的位置。

④　依次在各节点间绘出箭线及自由时差。

⑤　用虚箭线连接各有关节点，将有关的工作连接起来。

【例 3-4】 用间接绘制法绘制时标网络图，如图 3-23 所示。

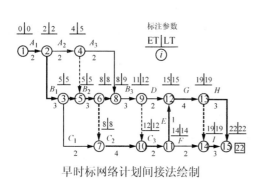

早时标网络计划间接法绘制　　　　　迟时标网络计划间接法绘制

图 3-23　间接法绘制

4. 关键线路和工期的确定

1)　关键线路的确定

自终点节点逆箭线方向朝起点节点观察，自始至终不出现波形线的线路为关键线路。

2)　工期的确定

终点节点与起点节点所在位置的时标值之差。

3.5 网络计划优化

【学习目标】

了解费用优化与资源优化的概念；掌握工期优化的方法。

网络计划的优化是指在一定的约束条件下，按既定目标对网络计划进行不断改进，以寻求满意方案的过程。

网络计划的优化目标应按计划任务的需要和条件选定，包括工期目标、费用目标和资源目标。根据优化目标的不同，网络计划的优化可分为工期优化、费用优化和资源优化三种。

1. 工期优化

所谓工期优化，是指网络计划的计算工期不满足要求工期时，通过压缩关键工作的持续时间以满足要求工期目标的过程。

1) 工期优化方法

网络计划工期优化的基本方法是在不改变网络计划中各项工作之间逻辑关系的前提下，通过压缩关键工作的持续时间来达到优化目标。在工期优化过程中，按照经济合理的原则，不能将关键工作压缩成非关键工作。此外，当工期优化过程中出现多条关键线路时，必须将各条关键线路的总持续时间压缩相同数值；否则，不能有效地缩短工期。

网络计划的工期优化可按下列步骤进行。

① 确定初始网络计划的计算工期和关键线路。

② 按要求工期计算应缩短的时间ΔT：

$$\Delta T = T_c - T_r \tag{3-7}$$

式中：T_c——网络计划的计算工期；

T_r——要求工期。

③ 选择应缩短持续时间的关键工作。选择压缩对象时宜在关键工作中考虑下列因素。

a. 缩短持续时间对质量和安全影响不大的工作。

b. 有充足备用资源的工作。

c. 缩短持续时间所需增加的费用最少的工作。

④ 将所选定的关键工作的持续时间压缩至最短，并重新确定计算工期和关键线路。

若被压缩的工作变成非关键工作，则应延长其持续时间，使之仍为关键工作。

⑤ 当计算工期仍超过要求工期时，则重复上述②～④，直至计算工期满足要求工期或计算工期已不能再缩短为止。

⑥ 当所有关键工作的持续时间都已达到其能缩短的极限而寻求不到继续缩短工期的方案，但网络计划的计算工期仍不能满足要求工期时，应对网络计划的原技术方案、组织方案进行调整，或对要求工期重新审定。

注意：一般情况下，双代号网络计划图中箭线下方括号外数字为工作的正常持续时间，括号内数字为最短持续时间；箭线上方括号内数字为优选系数，该系数应综合考虑质量、安全和费用增加情况来确定。选择关键工作压缩其持续时间时，应选择优选系数最小的关键工作。若需要同时压缩多个关键工作的持续时间时，则它们的优选系数之和(组合优选系数)最小者应优先作为压缩对象。

【例 3-5】 已知某网络计划如图 3-24 所示。图中箭线下方括号外数据为工作正常持续时间，括号内数据为工作最短持续时间。假定要求工期为 20 天，试对该原始网络计划进行工期优化。

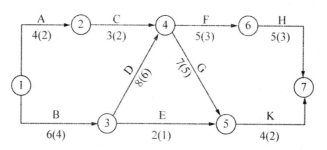

图 3-24　某网络计划

解：① 找出网络计划的关键线路、关键工作，并计算工期。

如图 3-25 所示，关键线路为①→③→④→⑤→⑦　　　　$T=25d$

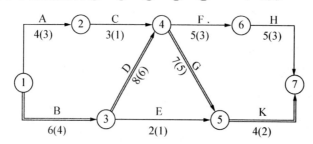

图 3-25　网络计划的关键线路和关键工作

② 计算初始网络计划需缩短的时间 $t=25-20=5(d)$。

③ 确定各项工作可能压缩的时间。

①→③工作可压缩 2d；　③→④工作可压缩 2d；

④→⑤工作可压缩 2d；⑤→⑦工作可压缩 2d。

④ 选择优先压缩的关键工作。

考虑优先压缩条件，应首先选择⑤→⑦工作，因其备用资源充足，且缩短时间对质量无太大影响。

⑤→⑦工作可压缩 2d，但压缩 2d 后，①→③→④→⑥→⑦线路成为关键线路，⑤→⑦工作变成非关键工作。为保证压缩的有效性，⑤→⑦工作压缩 1d。此时关键工作有两条，工期为 24d，如图 3-26 所示。

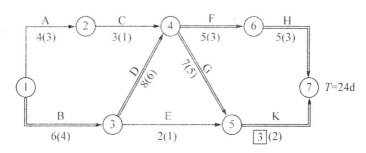

图 3-26　优化计算

按要求工期尚需压缩 4d，根据压缩条件，选择①→③工作和③→④工作进行压缩。分别压缩至最短工作时间，如图 3-27 所示，关键线路仍为两条，工期为 20d，满足要求，优化完毕。

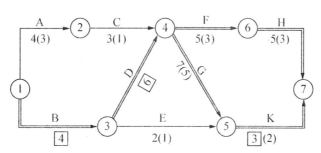

图 3-27　工期优化后的网络图

2. 费用优化

费用优化又称工期成本优化，是指寻求工程总成本最低时的工期安排，或按要求工期寻求最低成本的计划安排的过程。

在建设工程施工过程中，完成一项工作通常可以采用多种施工方法和组织方法，而不同的施工方法和组织方法，又会有不同的持续时间和费用。由于一项建设工程往往包含许多工作，所以在安排建设工程进度计划时，就会出现许多方案。进度方案不同，所对应的总工期和总费用也就不同。为了能从多种方案中找出总成本最低的方案，必须首先分析费用和时间之间的关系。

(1) 工程费用与工期的关系

工程费用由直接费和间接费组成。直接费由人工费、材料费、机械使用费、其他直接费及现场经费等组成。施工方案不同，直接费也就不同；如果施工方案一定，工期不同，直接费也不同。直接费会随着工期的缩短而增加。间接费包括企业经营管理的全部费用，它一般会随着工期的缩短而减少。在考虑工程总费用时，还应考虑工期变化带来的其他损益，包括效益增量和资金的时间价值等。工程费用与工期的关系如图 3-28 所示。

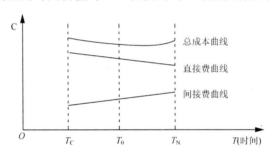

图 3-28 工期与费用的关系曲线

T_C—最短工期 T_O—优化工期 T_N—正常工期

(2) 工作直接费与持续时间的关系

由于网络计划的工期取决于关键工作的持续时间，为了进行工期成本优化，必须分析网络计划中各项工作的直接费与持续时间之间的关系，它是网络计划工期成本优化的基础。

工作的直接费与持续时间之间的关系类似于工程直接费与工期之间的关系，工作的直接费随着持续时间的缩短而增加，如图 3-28 所示。为简化计算，工作的直接费与持续时间之间的关系被近似地认为是一条直线关系。当工作划分不是很粗时，其计算结果还是比较精确的。

工作的持续时间每缩短单位时间而增加的直接费称为直接费用率。工作的直接费用率越大，说明将该工作的持续时间缩短一个时间单位，所需增加的直接费就越多；反之，将该工作的持续时间缩短一个时间单位，所需增加的直接费就越少。因此，在压缩关键工作的持续时间以达到缩短工期的目的时，应将直接费用率最小的关键工作作为压缩对象。当有多条关键线路出现而需要同时压缩多个关键工作的持续时间时，应将它们的直接费用率之和(组合直接费用率)最小者作为压缩对象。

3. 资源优化

资源是指为完成一项计划任务所需投入的人力、材料、机械设备和资金等。完成一项工程任务所需要的资源量基本上是不变的，不可能通过资源优化将其减少。资源优化的目的是通过改变工作的开始时间和完成时间，使资源按照时间的分布符合优化目标。

在通常情况下，网络计划的资源优化分为两种，即"资源有限，工期最短"的优化和"工期固定，资源均衡"的优化。前者是通过调整计划安排，在满足资源限制条件下，使工期延长最少的过程；而后者是通过调整计划安排，在工期保持不变的条件下，使资源需用量尽可能均衡的过程。这里所讲的资源优化，其前提条件如下。

① 在优化过程中，不改变网络计划中各项工作之间的逻辑关系。

② 在优化过程中，不改变网络计划中各项工作的持续时间。

③ 网络计划中各项工作的资源强度(单位时间所需资源数量)为常数，而且是合理的。

④ 除规定可中断的工作外，一般不允许中断工作，应保持其连续性。

思 考 题

一、案例分析题

1. 根据表 3-4 所给数据(先填写紧后工作)，绘制双代号网络图。

表 3-4　某工程逻辑关系表

工作代号	A	B	C	D	E	F	G	H
紧前工作	—	—	A	A, B	B	C, D	E	F, G
持续时间	4	2	4	2	6	1	3	2

2. 根据表 3-5 所给的逻辑关系表，绘制双代号网络图，并计算工作时间参数，找出关键线路。

表 3-5　某工程逻辑关系表

工作代号	A	B	C	D	E	F	G	H	I	J	K
持续时间	3	2	5	4	8	4	1	2	7	9	5
紧前工作	—	—	A	A	B	C	C	D,E	D,E	G,H	I

二、问答题

1. 什么是网络图、网络计划和网络计划技术？

2. 虚工作与工作有什么不同？它在双代号网络图中起什么作用？

3. 什么叫线路、关键线路和关键工作？

4. 什么是逻辑关系？网络计划有哪两种逻辑关系？它们之间有何区别？

5. 试述工作的自由时差和总时差的含义及其区别。

6. 什么是网络计划优化、工期优化和费用优化？

第4章 建筑装饰工程施工组织设计

内容提要

本章主要介绍建筑装饰工程施工组织设计的编制依据和程序、施工方案的选择、施工进度计划的编制、施工平面图的绘制及制定相应措施等。

技能目标

- 了解建筑装饰工程施工组织设计编制依据和程序。
- 掌握施工方案及施工方法的选择；能够制订各项资源需要量计划，做好施工准备。
- 能够绘制施工平面图；制定主要技术组织措施。

项目案例导入

装饰工程施工组织设计是以单位工程为对象，用以指导装饰工程施工全过程各项施工活动的技术经济和组织的综合性文件，它是施工单位编制季度、月度、旬施工作业计划，进行分部分项工程作业计划设计，编制劳动力、材料构配件及施工机具等供应计划的主要依据。

4.1 施工组织设计的编制依据和程序

【学习目标】

了解施工组织设计的编制依据；掌握施工组织设计的内容和编制程序。

1. 施工组织设计的编制依据

根据不同的装饰施工对象、使用要求、区域特征、施工条件等因素，具体施工的工程内容虽然不同，编制要求深浅程度不一，但编制的依据基本相似。归纳起来，施工组织设计的编制依据主要有以下几个方面。

1) 主管部门的有关批文

主管部门的有关批文，主要包括主管部门批准的装饰工程计划文件、概预算指标和投资计划，分期分批交付使用的项目期限，对工程提出的质量要求，工程所需要的装饰材料与订货计划，装饰工程项目所在地区建设主管部门的批件，以及招投标文件和工程施工承

包合同等。

2）　经过会审的施工图纸

经过会审的施工图纸，是经过多方共同审定的技术资料，是装饰施工过程中施工的技术依据和质量标准，是编制施工组织设计的主要依据。经过会审的施工图纸，主要是指装饰工程经过会审后的全部施工图纸、图纸会审记录、设计单位变更或补充设计的通知，有关标准图集等。

3）　工程施工时间计划

工程施工时间计划，是对装饰工程施工顺序和时间的具体安排，主要是指工程的开工日期和竣工日期的规定，对其他穿插项目施工的要求，装饰工程中重点施工部位的具体时间要求，以及计划提前完工的措施等。

4）　施工组织总设计

如果单位建筑装饰工程是整个建筑装饰工程项目的一部分，那么就应当将建筑装饰工程施工组织设计中的总体施工部署，以及与本工程施工有关的规定和要求作为编制的依据。

5）　现行施工规范规程

现行的施工规范与规程，主要是指国家现行的装饰工程施工及验收规范、操作规程、质量标准、预算定额、施工定额、技术规定等。如《建筑装饰工程质量验收规范》(GB 50210—2001)、《建筑地面工程施工质量验收规范》(GB 50209—2001)、《住宅装饰装修工程施工规范》(GB 50327—2001)、《民用建筑工程室内环境污染控制规范》(GB 50235—2001)、《建筑内部装修设计防火规范》(GB 50222—95) 2001 修订版。

6）　装饰工程施工条件

装饰工程的施工条件如何，对于编制施工组织设计影响很大，所以施工条件也是编制施工组织设计的主要依据之一。施工条件主要包括建设单位对工程施工可能提供的供水、供电、临时办公用房、仓库用房、加工用房等，以及劳动力、装饰材料、施工机具等资源的来源及供应情况等。

2. 施工组织设计的内容

单位建筑装饰工程施工组织设计主要包括以下内容。

①　工程概况及特点。

②　施工方案的选择。

③　施工进度的安排。

④　施工准备工作计划。

⑤　各项资源需用量计划。

⑥　施工平面的布置。

⑦　施工的主要措施等。

⑧　施工的主要技术经济指标。

⑨　结束语。

3. 施工组织设计的编制程序

建筑装饰工程施工组织设计的编制程序，是指单位建筑装饰工程施工组织设计的各个组成部分形成的先后顺序，以及它们相互之间的制约关系。单位建筑装饰工程施工组织设计的编制程序如下。

①　熟悉、审查施工图纸，到现场进行实地调查并收集有关施工资料进行研究。

②　选择施工方案并进行技术经济比较。

③　计算工程量。

④　编制施工进度计划。

⑤　编制施工准备工作计划。

⑥　编制资源需要量计划。

⑦　布置施工平面图。

⑧　编制技术组织措施。

⑨　审批。

4.2　工程概况及特点

【学习目标】

了解工程概况的含义；掌握建筑物地点特征和装饰施工条件。

工程概况是对拟装饰工程的装饰特点、地点特征和施工条件等，所做的一个简明扼要、突出重点的文字介绍。

1. 工程特点概述

针对工程的装饰特点，结合施工现场的具体条件，找出关键性的问题加以简要说明，并对新材料、新技术、新工艺和施工重点、难点进行分析研究。

1)　工程装饰的概况

工程装饰概况，主要说明准备装饰工程的建设单位、工程名称、地点、性质、用途、工程投资额、设计单位、施工单位、监理单位、装饰设计图纸情况以及施工期限等。

2)　工程装饰设计特点

工程装饰设计特点，主要说明准备装饰工程的建筑装饰面积、单位装饰工程的范围、装饰标准，主要部位所用的装饰材料、装饰设计的风格，与装饰设计配套的水、电、暖、风等项目的设计情况。

3)　工程装饰施工特点

工程装饰施工特点，主要阐述准备装饰工程施工的重点和难点，在施工中应着重注意和解决的问题，以便于施工重点突出、抓住关键：确保装饰工程施工能顺利进行。

2. 建筑物地点特征

应介绍准备装饰工程所在的位置、地形、地势、环境、气温、冬雨期施工时间、主导风向、风力大小等。如果本工程项目是整个建筑物的一部分，则应说明准备装饰工程所在的具体层、段。

3. 装饰施工条件

装饰施工条件主要说明施工现场及周围环境条件，装饰材料、成品、半成品、运输车辆、劳动力、技术装备和企业管理水平，以及施工供电、供水、临时设施等情况。

施工技术条件如下。

①　设计施工图完成。

②　申报工程施工手续(牵扯到消防改造需报当地所属管辖消防支队)。

③　估算成本费用。

④　签订劳务分包及外协制作加工合同。

⑤　与物业方办理施工证等施工手续。

4.3　施工方案及施工方法的选择

【学习目标】

了解装饰工程的施工对象；掌握施工方案的选择及其施工方法的确定。

施工方案及施工方法的选择是单位工程施工组织设计的核心，施工方案选择得是否合理，将直接影响建筑装饰工程的质量、工期和技术经济效果，是装饰施工能否顺利与成功的关键。因此，必须足够重视施工方案的选择。

对建筑装饰工程施工方案和施工方法的拟订，在考虑施工工期、各项资源供应情况的同时，还要根据装饰工程的施工对象综合考虑。

1. 装饰工程的施工对象

根据工程建设的性质不同，建筑装饰工程的施工对象可以分为新建工程的建筑装饰施工和旧建筑物改造装饰施工两种。

1)　新建工程的建筑装饰施工

新建工程的建筑装饰施工有两种施工方式。

①　一是主体结构完成之后进行装饰施工，它可以避免装饰施工与结构施工之间的相互干扰。主体结构施工中的垂直运输设备、脚手架等设施，临时供电、供水、供暖管道可以被装饰施工利用，有利于保证装饰工程质量，但装饰施工交付使用的时间会被延长。

②　二是主体结构施工阶段就插入装饰施工，这种施工方式多出现在高层建筑中，一般建筑装饰施工与结构施工应相差三个楼层以上。建筑装饰施工可以自第二层开始，自下向上进行或自上向下逐层进行。这种施工安排能与结构施工立体交叉、平行流水，可以加快施工进度。但是，这种施工安排易造成结构与装饰相互干扰，施工管理比较困难，而且必须采取可靠的安全措施及防污染措施才能进行装饰施工，水、电、暖、卫的干管安装也必须与结构施工紧密配合。

2)　旧建筑物改造装饰施工

旧建筑物改造装饰施工一般有以下三种情况。

①　不改动原有建筑的结构，只改变原来的建筑装饰，但原有的水、电、暖、卫、设备管线可能发生变动。

②　为了满足新的使用功能和装饰功能的要求，不仅要改变原有的建筑外貌，而且还要对原有建筑结构进行局部改动。

③　完全改变原有建筑的功能用途，如办公楼或宿舍楼改为饭店、酒店、娱乐中心、商店等。

2. 施工方案的选择

建筑装饰工程施工方案的选择，一般主要包括确定施工程序、确定施工流向、确定施工顺序、选择施工方法等。

1) 确定施工程序

建筑装饰工程的施工程序，一般有先室外后室内、先室内后室外或室内外同时进行三种情况。施工时应根据装饰工期、劳动力配备、气候条件、脚手架类型等因素综合考虑。

室内装饰的工序较多，一般先施工墙面及顶面，后施工地面、踢脚。室内外的墙面抹灰应在管线预埋后进行；吊顶工程应在设备安装完成后进行，客房、卫生间装饰应在施工完防水层、便器及浴盆后进行；首层地面一般放在最后施工。

2) 确定施工流向

施工流向是指单位装饰工程在平面或空间上施工的开始部位及流动方向。对单层建筑只需要定出分段施工在平面上的施工流向，多层及高层建筑除了确定每层平面上的施工流向外，还要确定其层间或单元空间上的施工流向。在确定施工流向时，应当考虑以下几个因素。

(1) 施工工艺过程

施工工艺过程是确定施工流向的关键因素。建筑装饰工程施工工艺的一般规律是：先预埋、后封闭、再装饰；预埋阶段先通风、后水暖管道、再电气线路；封闭阶段先墙面、后顶面、再地面；调试阶段先电气、后水暖、再空调；装饰阶段先油漆、后裱糊、再面板。建筑装饰工程的施工流向必须按各工种之间的先后顺序组织平行流水，颠倒或跨越工序就会影响工程质量和施工进度，甚至造成返工、污染、窝工而延误工期。

(2) 建设单位要求

建筑装饰工程的施工必须满足建设单位对生产和使用的要求。对于急需使用的应先施工。如对高级宾馆、饭店的建筑装饰改造，往往采取施工一层(或一段)，交付使用一层(或一段)的做法，使之满足用户的营运要求，争取早日取得经济效益。

(3) 装饰工程特点

对装饰技术复杂、工期较长的部位，应尽可能安排先施工，水、暖、电、卫工程的建筑装饰工程，必须先进行设备、管线的安装，然后再进行装饰施工。

(4) 施工阶段特点

对于外墙装饰可以采用自上而下的流向；对于内墙装饰，则可以用自上而下、自下而上及自中而下再自上而中三种流向。

自上而下的施工流向通常是指主体结构封顶，屋面防水层完成后，装饰由顶层开始逐层向下进行。一般有水平向下和垂直向下两种形式。

这种流向的优点是，主体结构完成后，有一定的沉降时间，沉降变化趋向稳定，这样可以保证室内装饰质量；屋面防水层做好后，可防止因雨水渗漏而影响装饰效果，同时，各工序之间交叉少，便于组织施工，从上而下清理垃圾也方便。

对于多高层改造工程，采用自上而下进行施工，也比较有利，如在顶层施工，仅下一层作为间隔层，不影响其他层的营业。

自下而上的施工流向，是指当主体结构施工到一定楼层后，装饰工程从最下一层开始，逐层向上的施工流向，一般与主体结构平行搭接施工，同样也有水平向上和垂直向上两种形式。为了防止雨水或施工用水从上层楼缝内渗漏而影响装饰质量，应先做好上层楼板板缝混凝土及面层的抹灰，再进行本层墙面、顶棚、地面的施工。这种流向的优点是工期短，特别是高层与超高层建筑工程更为明显。其缺点是工序交叉多，需要采取可靠的安全措施和成品保护措施。

自中而下再自上而中的施工流向，综合了上述两种流向的优缺点，适用于新建的高层建筑装饰工程施工。

室外装饰工程一般采用自上而下的施工流向，但对湿作业石材外饰面施工以及干挂石材外饰面施工，均采取自下而上的施工流向。

3)　确定施工顺序

施工顺序是指分部分项工程施工的先后次序。合理地确定施工顺序是为了按照客观规律组织施工，解决各工种之间的搭接，以减少工种施工的交叉干扰，在保证工程质量与安全施工的前提下，充分利用工作面，实现缩短工期的目的，同时也是编制施工进度计划的需要。在确定施工顺序时，一般应考虑以下因素。

①　遵循施工的总程序。施工程序确定了各施工阶段之间的先后次序，在考虑施工顺序时应当与施工程序相符。

②　必须符合施工工艺的要求。如轻钢龙骨石膏板吊顶的施工顺序：顶棚内各种管线施工完毕→安装吊杆→吊主龙骨→电线管穿线→水管试压 (包括消防喷淋管等) →风管保温→次龙骨安装→安装罩面板→涂料(或油漆)装饰。

③　必须符合施工质量和安全要求。如外装饰应在屋面防水工程施工完成后进行，地面施工应在无吊顶作业的情况下进行，油漆涂刷应在附近无电气焊的条件下进行。

④　必须充分考虑气候条件的影响。如冬期室内装饰施工时，应当先安装门窗和玻璃，后进行其他的装修工程。大风天气不宜安排室外饰面的装饰施工，高温情况下不宜进行室外金属饰面板类的施工。

装饰工程的施工顺序一般有先内后外、先外后内和内外同时进行三种。具体选择哪种施工顺序，可根据现场施工条件和气候条件以及工期紧迫程度而确定。对于外装饰湿作业、涂料等的施工，应尽量避开冬期和雨期；干挂石材、金属板幕墙、玻璃幕墙等干作业，施工时受气候影响不大，但对高层及超高层建筑外装饰施工，要特别注意大风天气风力的影响。

4）选择施工方法

建筑装饰工程施工方法的选择，要综合考虑多种因素，经过认真分析和反复对比，从中选定最优方案，以达到加快施工进度、节约装饰材料、降低工程造价的目的。在选择施工方法时，应当掌握以下几项原则。

(1) 建筑装饰的耐久性

建筑装饰有其时代性和特定的时间性，从设计和使用的角度来看，不同类型的建筑结构，对其装饰的耐久性标准也不同。在材料选择和装饰方法上要考虑它的耐久性。因此，在装饰做法上要考虑以下几方面因素。

大气的理化作用。大气中的阳光、紫外线、水分、温度、有害气体和侵蚀介质，都会长期侵蚀建筑装饰工程，有时可能几种因素同时存在。大气的理化作用主要包括冻融作用、干湿与温变作用、老化作用、污染与变色等。

磨损与冲击作用。由于人员的频繁活动与饰面的接触概率高，长期作用会导致装饰面层的损伤。这种情况主要发生在建筑的一定高度范围内。在室外及室内一层和入口处的磨损与冲击比较严重。因此，设计上一般考虑内墙在一定高度内做护壁、抱角抹灰和耐磨墙裙及踢脚，入口大门要设置护板且墙体阳角采用圆角，落地镜面和壁画要有一定的安全距离或高度，以免人体接触损伤。风雨冲刷对水刷石、干黏石、涂料粉刷类饰面影响较大，尤其是涂料类饰面，在施工中如能保证施工质量，保证涂料与基层的附着程度，完全可以达到装饰的预期效果。

(2) 建筑装饰施工的可行性

建筑装饰工程施工的可行性包括很多方面，主要包括材料供应、施工机具、施工条件和经济性。

① 材料供应。建筑装饰工程材料供应可分为三种情况：第一种情况是本地区供应材料，对于大中型城市，一般的建筑装饰材料可在当地采购或到工厂预定加工；第二种情况是需要外地区供应，对于一些中小型城市，本地没有所需的建筑装饰材料，而需要到外地进行采购；第三种情况是国外供货，一些高档装饰工程所需的材料及设备，国内无法满足，必须进口。对第三种情况，因到货时间较长，必须提前订购，以免影响施工。

在建筑装饰材料供应方面，还应注意材料、设备的合理配套问题，如卫生洁具、家具、门窗五金等，在色彩、规格、花色品种、质量方面要满足要求，并在施工前要做好材料、设备供应准备，以保证装饰效果及施工进度。

②　施工机具。建筑装饰工程施工要求精细程度高，因此使用的施工机具先进与否，是建筑装饰施工中质量和效率的根本保证。建筑装饰工程施工所用的机具，除垂直运输设备外，主要是小型电动机具，如电锤、冲击电钻、风车锯、电动曲线锯、型材切割机、电剪、射钉枪、电动角向磨光机等。在购置配备这些小型机具时，应注意与其配套的配件。如风车锯片有三种，应根据所锯的材料厚度配用不同的锯片；电动曲线锯也有不同的锯，现场可根据条件选用。

③　施工条件。施工条件主要是指施工季节、施工场地、施工技术条件等。多数装饰工程由于施工工期的限制，要求必须在各个季节都能施工。这样应根据工程所在区域及季节气候特点，调整装饰施工部位和装饰工序，采取必要的保温防雨措施。

场地施工条件将影响到施工方法、材料储运、脚手架类型的选择。对于繁华市区，还要考虑交通运输安全防护、环境卫生等。

施工技术条件，主要包括装饰企业的技术管理水平、工人技术素质、机械设备配备等。重要的高级装饰，还应当对技术工人进行挑选并进行岗前培训。

④　经济性。经济性是建筑装饰工程中不可忽视的问题。要掌握经济性必须了解市场行情，掌握装饰材料的质量与价差，注意工程决算不能与工程预算差值过大。由于目前建筑装饰行业竞争非常激烈，建设单位采用不合理的手段压价，很容易造成装饰企业的亏损或偷工减料。为避免此类情况的发生，要求建筑装饰企业注意积累资料，加强经济核算，掌握高、低档建筑装饰材料的价格及用工情况。

(3)　装饰施工技术的先进性

装饰工程分项类型比较多，在选择分项工程施工方法上应体现施工技术组织的先进性。

①　尽可能采用工厂化、机械化施工。如某些饰面、油漆、木制品的加工可在工厂加工成品或半成品后运往现场安装；如大理石、花岗石的机械切割、磨边、打孔在工厂进行，提高现场安装效率。

②　新材料、新工艺以"样板引路"。对新型装饰材料，施工前应先做样板，通过样板了解材料的性能、施工工艺、质量标准、测定用工用料定额等，通过样板施工，找出其规律性，使施工技术达到先进水平。

③　合理确定工艺流程和施工方案，组织流水施工。如宾馆的大堂及客房、卫生间的

装饰施工，涉及的专业工种较多，施工交叉复杂，单一工种的分项施工不可能一次完成，可采用班组流水作业。对水暖卫生系统安装及电气工程施工，可与建筑装饰工程相互组织交叉流，使其在较小的工作面上既不相互干扰，又密切配合，做到连续、均衡而又紧张地施工，最大限度地利用时间和空间组织平行流水、主体交叉施工。

5) 施工方法的主要内容

在选择施工方法时，要重点解决影响整个单位装饰工程的主要分部(分项)工程的施工方法，对于按照常规做法和工人熟悉的分项工程，则不必详细编写，只需提出注意的特殊问题即可。

选择建筑装饰工程施工方法主要涉及以下内容。

(1) 室内外垂直及水平运输

装饰工程的垂直运输应根据现场的实际情况和建设单位(业主)的要求来确定。新建工程可利用主体结构所设置的室内外电梯或井架来解决垂直运输问题，改造工程可利用原有电梯或搭设井字架，或利用楼梯人工搬运。

室外水平运输对于新建工程一般不存在问题，但对大中城市的装饰改造工程，尤其是处于繁华市区位置的水平运输，受交通、环卫方面的限制应考虑运输时间及运输方式。室内水平运输在装饰改造项目和新建项目装饰施工中一般采用人工运输。

(2) 脚手架的选择

建筑装饰工程中所使用的脚手架，必须满足装饰施工及安全技术的要求，要有足够的面积满足材料堆放、人员操作及运输的需要。要求架子坚固、稳定、不变形、搭拆简单、移动方便。

用于建筑装饰工程的脚手架类型分为室外和室内两种。室外多采用桥式、多立杆式钢管双排架、吊篮等。室内多采用移动式、满堂钢管脚手架等。选择脚手架时应注意安全、经济、适用的原则。

总之，室内外垂直及水平运输对施工进度、施工费用甚至施工质量都有较大的影响，在编制施工组织设计时应认真考虑。

(3) 特殊项目施工及技术措施

建筑装饰要求外表给人一种整洁美观、富于艺术性的感受。因此，在施工工艺上操作必须细致精湛，强调每个工种、每道工序的交接工作，只有做好了上道工序，才能保证下道工序的质量。随着建筑装饰标准的不断提高，建筑装饰新材料、新机具的迅速发展，要求装饰施工单位不断更新原施工工艺，对特殊项目、特殊材料，要求根据材料特性、装饰标准制定新的施工工艺。

(4)　主要项目操作方法及质量要求

对主要装饰项目的操作方法及质量要求编写时，应进行详细分析，确定哪些是主要项目，主要项目中哪些是比较熟悉的，熟悉的可简写，不熟悉的应作为重点来写，质量要求常见的可不写或简写。对新材料、新工艺、新技术则应详细地编写，有利于指导装饰施工顺利实施。

(5)　临时设施及供水供电

①　建筑装饰工程的临时设施。根据工程的具体情况而定，编制前可与总包或业主协商，租用解决。

②　装饰工程临时供水。装饰工程施工用水量不大，新建工程可利用主体结构施工临时供水系统，改建工程可利用原有水源。

③　消防用水，新建工程主体结构施工时已布设，装饰阶段可继续利用，改建工程可使用原建筑已布设的消防用水系统，考虑到装饰阶段的安全隐患多于主体阶段，现场施工及消防用水量水压，必须经过计算，以满足需要。

现场用水量计算包括工程用水、施工机械用水、现场生活用水及消防用水，对一般中小型装饰工程，在施工组织设计中无需进行用水量计算。

④　装饰工程临时供电。新建工程装饰施工可利用主体结构工程设置的临时配电，改造工程可从原配电系统中单独接线或利用已有楼层电源。对中小型装饰工程，一般无需进行用电量的计算。

4.4　施工进度计划

【学习目标】

了解施工进度计划的概念及其作用；掌握施工进度计划的编制方法。

装饰工程施工进度计划是装饰施工方案在时间上的具体反映，其理论依据是流水施工原理。表达形式采用横道图或网络图。

1. 施工进度计划的概念

1)　施工进度计划的作用

单位装饰工程施工进度计划是施工组织设计的重要组成部分，是控制各分部分项工程施工进度的主要依据，也是编制月、季施工计划及各项资源需用量计划的依据。它的主要作用如下。

① 安排建筑装饰工程中各分部分项工程的施工进度，保证工程在规定工期内完成符合质量要求的装饰任务。

② 确定建筑装饰工程中各分部分项工程的施工顺序、持续时间，明确它们之间相互衔接与合作配合的关系。

③ 不仅具体指导现场的施工安排，而且确定所需要的劳动力、装饰材料、机械设备等资源数量。

2）施工进度计划的分类

单位装饰工程施工进度计划，根据施工项目划分的粗细程度，可分为指导性进度计划和控制性进度计划两类。

(1) 指导性进度计划

指导性进度计划按分项工程或施工过程来划分施工项目，具体确定各施工过程的施工时间及其相互搭接、相互配合的关系。这种进度计划适用于任务具体而明确、施工条件基本落实、各项资源供应正常、施工工期不太长的装饰工程。

(2) 控制性进度计划

控制性进度计划是按照分部工程来划分施工项目，控制各分部工程的施工时间及其相互搭接、相互配合的关系。这种进度计划适用于工程比较复杂、规模比较大、工期比较长的装饰工程，还适用于工程不复杂、规模不大但各种资源(劳动力、材料、机械)不落实的情况。

编制控制性施工进度计划的单位工程，当各分部工程的施工条件基本落实后，在正式施工之前，还应当编制指导性的分部工程施工进度计划。

2. 施工进度计划的编制

1）施工进度计划的编制依据

单位装饰工程施工进度计划的编制依据，主要包括以下几个方面。

① 装饰工程施工组织总设计和施工项目管理目标要求。

② 拟建装饰工程施工图和工程计算资料。

③ 施工方案与施工方法。

④ 施工定额与施工预算。

⑤ 施工现场条件及资源供应状况。

⑥　业主对工期的要求。

⑦　项目部的技术经济条件。

2)　施工进度计划的编制程序

①　收集编制依据。

②　划分施工过程。

③　计算工程量。

④　计算劳动量或机械台班量。

⑤　计算各施工过程的工作时间。

⑥　编制初步进度计划方案。

⑦　检查(工期是否满足要求；劳动力、机械是否均衡；材料供应是否超过限额)。

⑧　编制正式进度计划。

3)　施工进度计划的编制步骤

施工进度计划的编制步骤和方法如下。

(1)　划分施工过程、确定施工顺序

编制装饰工程施工进度计划时，首先应根据施工图纸和施工顺序将准备装饰的工程的各个施工过程列出，并结合施工条件、施工方法、劳动组织等因素，加以调整后，列入装饰施工进度计划表中。

装饰施工过程划分的粗细程度，主要取决于装饰工程量的大小、复杂程度。在一般情况下，在编制控制性施工进度计划时，可以划分得粗一些，如群体工程的施工进度计划，可以划分到单位工程或分部工程，单位工程进度计划应明确到分项工程或施工工序。在编制实施性进度计划时，则应划分得细一些，特别是其中的主导施工过程和主要分部工程，应当尽量详细具体，做到不漏项，以便掌握进度，具体指导施工。

在确定各装饰施工过程的施工顺序时，应注意以下几个方面。

①　划分施工过程，确定装饰施工顺序要紧密结合所选择的装饰施工方案。施工方案不同，不仅影响施工过程的名称、数量和内容，而且也影响施工顺序的安排。

②　严格遵守装饰施工工艺的要求。各施工过程在客观上存在着工艺顺序关系，这种关系是在技术条件下各项目之间的先后关系，只有符合这种关系，才能保证装饰工程的施工质量和安全施工。

③　装饰施工顺序不同，施工质量及施工工期也会发生相应变化。要达到较高的装饰质量标准、理想的工期，必须合理安排施工顺序。

④　不同地区、不同季节的气候条件，对装饰施工顺序和施工质量有较大影响。如我国南方地区施工，应考虑雨季施工的特点，而北方地区则应考虑冬季施工的特点。

⑤　所有装饰项目应按施工顺序列表、编号，避免出现遗漏或重复，其名称可参考现行定额手册上的项目名称。

(2)　计算装饰工程的工程量

工程量是编制工程施工进度计划的基础数据，应根据施工图纸、有关计算规则及相应的施工方法进行计算。在编制施工进度计划时已有概算文件，当它采用的定额和项目的划分与施工进度计划一致时，可直接利用概算文件中的工程量，而不必再重复计算。在计算工程量时，应注意以下几个问题。

①　各分部分项工程的工程量计算单位应与现行定额中的规定一致，以便在计算劳动量、材料需要量时可直接套用定额，不必再进行换算。

②　工程量计算应结合所选定的施工方法和安全技术要求，使计算的工程量与工程实际相符合。

③　结合施工组织要求，分区、分段、分层计算工程量，以组织流水作业。

④　正确取用预算文件中的工程量，如已编制预算文件，则施工进度计划中的工程量，可根据施工项目包括的内容从预算工程量的相应项目内抄出并汇总。当进度计划中的施工项目与预算项目不同或有出入(当计量单位、计算规则、采用定额不同)时，则根据施工实际情况加以修改、调整或重新计算。

(3)　劳动量和机械台班数量的确定

所谓劳动量是指完成某施工过程所需的工日数。根据各分部分项工程的工程量、施工方法和定额标准，并结合施工企业的实际情况，计算各分部分项所需的劳动量和机械台班数量。其计算公式为

$$P_i = Q_i / S_i = Q_i H_i \tag{4-1}$$

式中：P_i——第 i 分部分项工程所需要的劳动量或机械台班数量；

Q_i——第 i 分部分项工程的工程量；

S_i——第 i 分部分项工程采用的人工产量定额或机械台班产量定额；

H_i——第 i 分部分项工程采用的时间定额。

套用定额时，常会遇到定额中所列项目内容，与编制施工进度计划所列项目内容不一致的情况，具体处理方法如下。

①　可将定额作适当扩大，使其适应施工进度计划的编制要求。例如，将同一性质不

同类型的项目合并，根据不同类型的项目产量定额和工作量计算其扩大后的平均产量定额或平均时间定额。

② 某些新技术、新材料、新工艺或特殊施工方法的项目，在定额中尚未编入，此时可参考类似项目的定额、经验资料确定。

(4) 计算各施工过程的持续时间和进度安排

各分部(分项)工程施工持续时间计算公式如下，即

$$T_i = P_i/R_iN_i \qquad (4-2)$$

式中：T_i——完成第 i 施工过程的持续时间(天)；

P_i——第 i 施工过程所需劳动量或机械台班数量；

R_i——每班在第 i 施工过程中的劳动人数或机械台班数量；

N_i——第 i 施工过程中每天工作班数。

根据工期安排进度时，应先确定各施工过程的施工时间，其次确定相应的劳动量和机械台班量，每个工作班所需的工人人数或机械台数，式(4-2)变为式(4-3)，即

$$R_i = P_i/T_iN_i \qquad (4-3)$$

由式(4-3)求得 R_i 值，若该数值超过了施工单位现有的人力、物力，除了组织外援外，应主动地从技术上和施工组织上采取措施，增加工作班数，尽可能地组织立体交叉平行流水作业等。需要指出的是，装饰工程由于大量采用手用电动工具，实际工效比定额规定高得多，在编制施工进度计划时应考虑这一因素，以免造成窝工。

(5) 编制施工进度计划

施工进度计划表由两大部分组成，左边部分是以一个分项工程为一行的数据，包括分项工程量、定额和劳动量、机械台班数、每天工作班、每班工人数及工作日等计算数据；右边部分是相应表格左边各分项工程的指示图标，用线条形象地表现了各个分部分项工程的施工进度日程、各个阶段的工期和单位工程施工总工期，并且综合地反映了各个分部分项工程相互之间的关系，如表 4-1 所示。

编制装饰工程施工进度计划时，应首先确定主导施工过程的施工进度，使主导施工过程能尽可能连续施工，其余施工过程应予以配合，具体方法如下。

① 确定主要分部工程并组织流水施工。

② 按照工艺的合理性，使施工过程间尽量穿插、搭接，按流水施工要求或配合关系搭接起来，组成单位工程进度计划的初始方案。

③ 检查和调整施工进度计划的初始方案，绘制正式进度计划。

表 4-1   施工进度计划

项次	工程名称	工程量		定额	劳动量		机械需要量		每天工作班	每天工人数	工作日	进度日程									
		单位	数量		工种	工日	名称	台班数				月			月			月			
												1	2	3	1	2	3	1	2	3	
1																					
2																					
3																					

检查和调整的目的在于使初始方案满足规定的目标，确定理想的施工进度计划。其内容有，检查各装饰施工过程的施工时间和施工顺序安排是否合理；安排的工期是否满足合同工期；在施工顺序安排合理的情况下，劳动力、材料、机械是否满足需要，是否有不均衡现象。

经过检查，对不符合要求的部分应进行调整和优化，达到要求后，编制正式的装饰施工进度表。

4.5   施工准备工作计划

【学习目标】

掌握施工技术准备；了解施工现场的准备工作；掌握劳动组织和物质准备。

施工准备是完成单位装饰工程施工任务的重要环节，也是施工组织设计中一项重要内容。施工人员必须在开工前，根据装饰施工任务、施工进度和施工工期的要求做好各方面的准备工作。

1. 技术准备

1)   熟悉与会审图纸

建筑装饰施工图纸包括的专业类型比较多，不但有建筑装饰施工图，还有与之配套的结构、水、暖、电、通风、空调、消防、通信、煤气、闭路电视等。在熟悉施工图纸时，应注意以下问题。

①   各专业图纸间有无矛盾(包括平面尺寸、标高、材料、构造做法、要求标准等)。

图纸中有无错误、遗漏、缺项、重复等问题。

② 要了解建筑装饰与工程结构是否满足强度、刚度及稳定性要求；尤其是改造工程要注意结构的安全性。

③ 装饰施工图纸是否符合消防要求，采用的装饰材料是否是绿色产品，是否符合国家相关标准的有关规定。

④ 装饰设计是否符合当地施工条件与施工水平，如采用新技术、新工艺、新材料，施工单位有无困难等。

在熟悉图纸的基础上组织图纸会审，研究解决有关问题。将会审中共同确定的问题形成会审纪要，由建设单位正式行文，三方共同会签并盖公章，作为指导施工和工程结算的依据。

2) 施工组织设计的编制和审定

单位装饰工程施工组织设计根据工程规模大小、技术复杂程度可分别由企业公司、工程处或施工队来编制。结合企业实际情况，单位现有技术、物资条件进行编制。由上一级单位技术部门负责人负责组织审定，由技术总负责人审批。

3) 编制施工预算

建筑装饰工程施工中，项目分类细而多，每项工程都是由几个、几十个单个工作项目组成的。工作项目名称所包含的内容也比较多。如卫生洁具，安装项目可分为装浴缸、装洗面器、大便器、五金配件等。项目名称所包含的内容不仅关系到材料、设备的数量，也关系到每个工种的用工量，在编制施工预算时，工程量必须精确，材料设备必须用统一的单位名称，以便套用定额。

建筑装饰工程施工预算还需结合施工方案、施工方法、场地环境、交通运输等具体情况，尤其是采用新材料、新工艺、新技术的项目，国家或地方定额中未列入进去，要依靠企业自身积累的经验制定参考定额。

4) 其他技术准备工作

(1) 有关材料的了解

各种材料、加工品、成品、半成品的性能、规格、说明等，受国家控制供应的材料要首先申报。

(2) "四新"的试制试验

在建筑装饰工程中，对新技术、新工艺、新材料和新设备(简称"四新")要先进行培训学习，先试作样板，总结经验。有些建筑装饰材料和设备，还要通过试验确定其性能，以满足设计、施工和使用的需要。

2. 施工现场准备

施工现场准备包括测量放线(即轴线标高的定位)、障碍物拆除、场地清理、临时供水、供电、供热管线敷设及道路交通运输、生产、生活临时设施、水平、垂直运输设备的安装等。

3. 劳动组织及物资准备

建立工地领导机构，组织精干的施工队伍，确定合理的劳动组织，进行岗前技术培训，并做好安全、防火、文明施工教育。

组织施工机具、材料、成品、半成品的进场和保管。

4.6 各项资源需要量计划

【学习目标】

了解主要材料需要量计划；掌握装饰用工需用量计划与施工机械需要量计划。

各项资源需要量计划包括很多方面，主要包括材料、用工、施工机具、构件和半成品及运输计划等。

1. 主要材料需要量计划

根据施工预算、材料消耗定额和施工进度计划编制主要材料需要量计划，它主要反映施工中各种主要材料的需求量，作为备料、供料和确定仓库堆放面积及运输量的依据。装饰工程所用的物资品种多，花色繁杂，编制时，应写清材料的名称、规格、数量及使用时间等要求。其表格形式如表 4-2 所示。

表 4-2 主要材料需要量计划

序号	材料名称	规格	需要量		需要时间									备注
					×月			×月			×月			
			单位	数量	上旬	中旬	下旬	上旬	中旬	下旬	上旬	中旬	下旬	

2. 装饰用工需要量计划

装饰技工、普工需要量计划是根据施工预算、劳动定额和施工进度计划编制的。主要反映装饰施工所需要的各种技工、普通工人的人数，它是控制劳动力平衡、调配和衡量劳动力耗用指标的依据，其编制方法是将施工进度计划表内项目进度、各施工过程每天(或旬、月)，所需人数，按项目汇总而得。其表格的形式如表 4-3 所示。

表 4-3 装饰技工、普工需要量计划

序号	项目名称	工种名称	需要量		需要时间												备注
			单位	数量	月 份												
					1	2	3	4	5	6	7	8	9	10	11	12	

3. 施工机具需要量计划

根据施工方案、施工方法及施工进度计划编制施工机具需要量计划。它主要反映施工所需各种机具的名称、规格、型号、数量及使用时间，可作为组织机具进场的依据，其表格形式如表 4-4 所示。

表 4-4 主要施工机具需要量计划

序 号	机具名称	机具型号	需 要 量		供应来源	使用起止时间	备 注
			单 位	数 量			

4. 构件和半成品需要量计划

根据施工图纸、施工方案、施工方法及施工进度计划的要求编制。装饰结构构件、配件和其他加工半成品需要量计划，主要反映施工中各种装饰构件的需要量及供应日期，作为落实加工单位、按所需规格数量和使用时间组织构件加工和进场的依据。其表格形式如表 4-5 所示。

表 4-5 构件和半成品需要量计划

序 号	品 名	规 格	图 号	需 要 量		使用部位	加工单位	拟进场日期	备 注
				单 位	数 量				

4.7 施工平面图设计

【学习目标】

了解施工平面图设计的依据与原则；掌握施工平面图设计的内容和步骤。

单位装饰工程施工平面图，是用来布置施工所需机械、加工场地、材料、成品、半成品存放地点和施工场所的，也是确定临时道路，临时供水、供电、供热管网和其他临时设施位置的依据。它是实现文明施工，节约并合理利用场地，减少临时设施费用的基本条件，也是施工组织设计的重要组成部分。单位装饰工程施工平面图的绘制比例，一般采用1：200～1：500。

1. 设计依据和原则

单位装饰工程施工属于建筑工程施工的最后阶段，对于装饰阶段的施工部署，建筑工程施工平面图布置是其设计的主要依据。

单位装饰工程施工平面图，可根据现场施工的具体情况灵活掌握，对比较复杂且工程量较大、工期比较长的装饰工程，或采用新材料、新工艺、新技术、新设备的装饰工程，或改造的装饰工程均要单独绘制。而对一般小型的装饰工程，可与主体结构施工平面图结合在一起，将结构施工阶段的已有设施，为装饰施工所利用。

设计原则如下。

① 在满足现场施工的条件下，布置紧凑，便于管理，尽可能减少施工用地。

② 在满足施工顺利进行的条件下，尽可能减少临时设施。

③ 最大限度地减少场内运输，减少场内材料、构件的二次搬运。

④ 临时设施的布置，应便于施工管理及工人生产和生活。

⑤ 施工平面布置要符合劳动保护、保安、防火的要求。

2. 施工平面图设计的内容

单位装饰工程施工属于工程施工的最后阶段，对于装饰阶段所需要考虑的内容，已在主体结构阶段予以初步考虑。因此，建筑装饰工程施工平面图所规定的内容，要结合结构工程中的初步设想和装饰工程的实际情况来决定。根据单位装饰工程施工的经验，其内容主要包括以下几方面。

①　地上和地下的已建和拟建的一切建筑物、构筑物、道路和各种地下、地上管线。

②　施工所需机械、加工场地、材料、成品、半成品存放地点和施工场所。

③　生产、办公和生活临时设施(包括工棚、仓库、办公室、工人宿舍、职工食堂、供水、供电线路等)。

④　测量放线的高程桩和方位桩的位置、杂物及垃圾堆放场地。

⑤　安全防火及消防设施。

上述平面布置可根据建筑装饰总平面图、施工现场地形地貌、现有水源、电源、热源、道路及四周可利用的房屋和空地、施工组织总设计的计算资料来布置。

3. 施工平面图设计的步骤

单位装饰工程施工平面图的设计，主要是抓住垂直运输机械布置、施工现场机料布置和施工水电管网布置三个部分。

1)　垂直运输机械布置

垂直运输机械是装饰工程施工中运输材料和设备的主要机械，是保证施工顺利进行的基础。垂直运输机械布置，应结合建筑物的平面形状、高度和材料、设备重量、尺寸大小，以及机械的负荷能力和服务范围，来确定垂直运输设备的位置和高度，做到便于运输、便于组织分层分段流水施工。

2)　施工现场机具、材料的布置

主要是指对砂浆搅拌机、加工棚、材料仓库和设备堆场的布置。

①　砂浆搅拌机应靠近垂直运输机械，一般应设置在其服务范围之内，附近要有相应的砂子的堆场和水泥仓库。

②　仓库、堆场的布置，要考虑到材料、设备使用的先后，能满足供多种材料堆放的要求。易燃易爆物品及怕潮、怕冻物品的仓库，必须严格遵守防火、防爆安全距离及防潮、防冻的要求。

③　木工棚、金属加工棚、其他材料加工棚等，应布置在建筑物周围较远处，不仅要考虑它们之间的配合，而且还要考虑到安全生产，也要注意其材料堆场的位置。

④　量较大物品的堆场应考虑场内外运输的方便，木制品的堆场应考虑防止雨淋、受潮与防火的要求等。

3)　施工水电管网布置

在布置施工供水管网时，应力求供水管网总长度最短。消防用水一般利用城市或建设单位设置的永久性消防设施。如果水的压力不够，可以设置加压泵、高位水箱或蓄水池。

建筑装饰材料中易燃品较多，除按规定设置消火栓外，还应根据防火需要在室内设置灭火器。

施工用电设计应包括用电量计算、电源选择、电力系统选择和配置。建筑装饰工程的用电量主要包括垂直运输用电量、电焊机、切割机、电锤、空压机及照明用电等。总用电量与主体结构工程相比小得多。通常对在建工程，可利用主体结构工程的配电系统；对改建工程可使用原有的电源线路，若不能满足施工需要时，可重新架设。

4.8 主要技术组织措施

【学习目标】

了解技术组织措施包含的内容；重点掌握保证装饰工程质量和施工安全的措施。

技术组织措施主要是指在技术和施工组织方面，对确保装饰工程质量、施工安全和文明施工所采取的方法。在现代建筑装饰工程施工中，采取的主要技术组织措施有保证装饰质量措施、保证施工进度措施、降低工程成本措施、装饰成品保护措施、冬雨期施工技术措施、保证安全施工措施、施工消防措施和环境保护措施等。

1. 保证装饰工程质量的措施

保证装饰工程质量的关键是对施工组织设计的工程对象经常发生的质量通病制定防治措施，要从全面质量管理的高度，将措施定到实处，监理质量保证体系，必须以国家现行的施工及验收规范为准则，针对装饰工程的具体特点来编制。在审查施工图纸和编制施工方案时，就应提出保证装饰工程施工质量的措施，尤其是对采用新材料、新工艺、新技术、新设备的装饰工程，更应当引起足够重视。一般来说，保证建筑装饰工程施工质量的措施主要包括以下几个方面。

①　组织相关人员认真学习、贯彻现行装饰施工规范、标准、操作规程和各项质量管理制度，明确技术标准和岗位职责，熟悉施工图纸、会审记录、施工工艺卡，做好技术交底工作，确保装饰工程的定位、标高、轴线准确无误。

②　制定确保关键部位施工质量的技术措施。如选择精干的施工队伍，合理安排工序的搭接。对于采用新材料、新工艺、新技术、新设备的装饰工程，应先行试验，提出确保质量的具体措施，明确质量标准和做法后再大面积施工。

③　确保装饰材料、成品、半成品的质量检验及使用要求，并注意对以上物资的妥善

保管，防止其发生变质。

④　建立保证工程质量组织措施，建立质量保证体系，明确责任分工，加强人员培训，执行装饰质量的各级检查、验收制度。有条件的装饰工程，最好实行工程监理制度。

⑤　制定保证装饰工程质量的经济措施。建立奖罚制度，奖优罚劣，以确保装饰工程质量。

2. 降低工程成本措施

降低工程成本措施的制定应以施工预算为尺度，针对工程施工中降低成本潜力大的分部分项工程提出相应的节约措施，并计算出有关的经济指标。

主要应考虑以下几个方面。

①　组建强有力的领导班子，合理选调精干的装饰队伍进行装饰施工，保证劳动生产率的提高，减少总的用工数。

②　采用新技术、新工艺提高工效，降低材料耗用量，节约施工总费用等。

③　保证装饰质量，减少返工损失。

④　保证安全生产，减少事故率，避免意外事故带来的损失。

⑤　提高机械利用率，减少机械费用的开支。

⑥　充分利用已有施工条件，降低临时设施费用。

3. 装饰成品保护措施

装饰工程要求外表面洁净、美观，面对施工期长、工序、工种复杂的情况，做好成品保护工作十分重要。建筑装饰工程对成品保护一般采取防护、包裹、覆盖、封闭四种措施。同时合理安排施工顺序以达到保护成品的目的。

1)　防护

针对被防护部位的特点，采取各种防护措施。如楼梯间的踏步在交付使用之前，用锯末袋或用木板以保护踏步的棱角，对出入口处的台阶可搭设脚手板来防护，对已装饰好的木门口等易被踢的部位，可钉防护板或用其他材料进行防护。

2)　包裹

将被保护的装饰工程部位用洁净材料包裹起来，以防止出现损伤或污染。如不锈钢柱、墙、金属饰面等，在未交付使用之前，外侧防护薄膜不要撕下并采取防碰撞措施；铝合金门窗可用塑料布包扎保护；对花岗石柱和墙可用胶合板或其他材料包裹捆扎防护等。

3) 覆盖

对有卫生洁具的房屋进行其他工序施工时，应对下水口、地漏、浴盆及其他用具加以覆盖，以防止异物落入而被堵塞；石材地面铺设达到强度后，可用锯末等材料进行覆盖，以防止污染或损伤。

4) 封闭

封闭就是对装饰工程的局部采取封闭的办法进行保护。如房间或走廊的石材、水磨石等地面铺设完成后，可将该房间或走廊临时封闭，防止闲杂人员随意进入而损坏；对宾馆饭店客房、卫生间的五金、配件和洁具，安装完毕应加锁封闭，以防止损坏或丢失。

4. 冬雨期施工技术措施

当装饰工程施工跨越冬季和雨季时，就要制定冬期施工措施或雨期施工措施。制定这些措施的目的是为了克服季节性的影响，保证装饰工程质量、保证施工安全、保证施工工期、保证资源的节约。

冬期和雨期施工的主要技术措施如下。

①　冬期室内抹灰施工应采用热作法，保证砂浆处于正温状态。在进行室内抹灰前，应将外门窗口封好，以保持室内的热量。室外抹灰砂浆可掺加适量的氯盐，但掺量一般不得超过用水质量的8%。

②　室内抹灰工程结束后，在7天以内应保持室内温度不得低于5℃，如果低于5℃时，可对抹灰层采取加温措施，加速砂浆的硬化及水分蒸发，但应注意通风除湿。

③　釉面砖及外墙面砖在冬季施工时，为防止产生冻裂破坏，宜在2%的盐水中浸泡2 h，并在晾干后使用。

④　裱糊工程施工时，混凝土或抹灰基层的含水率不应大于8%，在壁纸粘贴时，室内温度不应低于5℃。

⑤　为了防止材料产生过大变形和脆性破坏，外墙铝合金、塑料框、大面积玻璃等不宜在低温下安装。

⑥　在冬季和雨季施工期间，怕冻、怕潮湿的装饰材料和设备，要采取防冻、防潮措施(如保持正温、设防雨棚、遮盖棚布、架空堆放等)。

⑦　冬季和雨季施工要加强安全教育，制定"五防"(防风、防冻、防滑、防毒、防爆)措施。对锅炉的安全设施要检查安全阀、压力表等；对脚手架及机电设备在风雪或雨后要及时进行检查、清扫雨雪；机械设备要防止雨淋，并设置漏电保护装置。

⑧　冬季施工要进行安全防火培训，做好食堂、宿舍的预防煤气中毒的检查，建立各

项消防制度，配备齐全各种消防设施。

5. 保证安全施工措施

保证安全施工的关键是贯彻安全操作规程，对施工中可能发生的安全问题提出预防措施并加以落实。建筑装饰工程施工安全的重点是防火、安全用电及高空作业等。在编制安全措施时要具有针对性，要根据不同的装饰施工现场和不同的施工方法，从防护上、技术上和管理上提出相应的安全措施。

装饰工程安全措施主要有以下几项内容。

① 脚手架、吊篮、吊架、桥架的强度设计及上下通路的防护安全措施。

② 安全平网、立网、封闭网的架设要求。

③ 外用电梯的设置及井架、门式架等垂直运输设备固定要求及防护措施。

④ "四口"、"五临边"的防护和主体交叉施工作业，高空作业的隔离防护措施。

⑤ 凡高于周围避雷设施的施工工程、暂设工程、井架、龙门架等金属构筑物所采取的防雷措施。

⑥ "易燃、易爆、有毒"作业场地所采取的防火、防爆、防毒措施。

⑦ 采用新材料、新工艺、新技术的装饰工程，要编制详细的安全施工措施。

⑧ 安全使用电器设备及装饰机具，机械安全操作等措施。

⑨ 施工人员在施工过程中个人的安全防护措施。

6. 施工消防措施

建筑装饰施工过程中涉及消防的内容比较多，范围比较广，施工单位必须高度重视，制定相应的消防措施。施工现场实行逐级防火责任制，并指定专人全面负责现场的消防管理。具体措施如下。

① 现场施工及一切临建设施应符合防火要求，不得使用易燃材料。

② 装饰工程易燃材料较多，现场从事电焊、气割的人员要持操作合格证上岗，作业前要办理用火手续，且设专人看火。

③ 装饰用材的存放、保管应符合防火安全要求，油漆、稀料等易燃品必须专库储存，尽可能随用随进，专人保管、发放。

④ 各类电气设备、线路不准超负荷使用，线路接头要牢固，防止设备线路过热或打火短路，发现问题及时处理。

⑤ 施工现场按消防要求配备足够的消防器材，使其布局合理，并应经常检查、维护、

保养，确保消防器材的安全使用。

⑥ 现场应设专用消防用水管网，较大的工程分区设消防竖管，随施工进度接高，保证水枪射程。

⑦ 室外消火栓、水源地点应设置明显标志，并要保证道路畅通，使消防车能顺利通过。

⑧ 施工现场应设有专门吸烟室，场内严禁吸烟。

7. 环境保护措施

为了保护和改善生活环境及生态环境，防止由于装饰材料选用不当和施工不妥造成的环境污染，保障用户与工地附近居民及施工人员的身心健康，促进社会的文明发展，必须做好装饰用材及施工现场的环境保护工作。

其主要措施如下。

① 严格遵守《中华人民共和国环境保护法》及其他有关法规，建立健全环境保护责任制度。

② 装饰工程所用的材料，应首先选择有益人体健康的绿色环保建材或低污染无毒建材。严禁使用苯、酚、蒽、醛超标的有机建材和铅、镉、铬及其化合物制成的颜料、添加剂和制品等，以达到健康建筑的标准。

③ 采取有效措施防治水泥、木屑、瓷砖切割对大气造成的粉尘污染。拆除旧有建筑装饰物时，应随时洒水，减少扬尘污染。

④ 及时清理现场施工垃圾，并注意不要随意高空抛撒。对易产生有毒有害的废弃物，要分类妥善处理，禁止在现场焚烧、熔融沥青、油毡、油漆等。

⑤ 对清洗涂料、油漆类的废水废液要经过分解消毒处理，不可直接排放。现制水磨石施工必须控制污水流向，并经沉淀后，排入市政污水管网。

⑥ 施工现场应按照《中华人民共和国建筑施工场界噪声限值》，制定降噪制度和措施，以控制噪声传播，减轻噪声干扰。

⑦ 凡在居民稠密区或饭店、宾馆等场所进行强噪声作业时，应严格控制作业时间(一般不超过 15 小时/天)，必须昼夜连续作业时，应尽量采取降噪措施，并报有关环保部门备案后方可施工。

思 考 题

1. 编制单位装饰工程施工组织设计的依据是什么?

2. 单位装饰工程施工组织设计主要包括哪些内容?

3. 单位装饰工程施工方案的选择一般包括哪些方面?

4. 在确定装饰工程施工顺序时, 应考虑哪些因素?

5. 合理选择施工方法应掌握哪几项原则? 其主要内容是什么?

6. 试述单位装饰工程施工进度计划的编制步骤。

7. 单位装饰工程施工准备工作计划主要包括哪些内容?

8. 单位装饰工程施工平面图设计的内容包括哪些方面?

9. 单位装饰工程主要技术措施有哪些?

第 5 章　建筑装饰工程招标与投标

内容提要

本章简要介绍了建筑装饰工程招标与投标的基本概念、作用和程序，重点论述了招标与投标应具备的基本条件、招标与投标的组织与准备工作、工程项目投标的决策与策略等内容。

技能目标

- 了解建筑装饰工程招标与投标的基本概念，掌握建筑工程招标与投标的基本程序。
- 了解建筑装饰工程招标的基本方式，掌握装饰工程招标的基本条件。
- 了解装饰工程投标的条件与准备工作，掌握装饰工程投标标书的编制与投标策略。

项目案例导入

建筑装饰工程招投标是指以建筑产品作为商品进行交换的一种交易形式，它是由唯一的买主设定标的，招请若干个卖主通过秘密报价进行竞争，买主从中选择优胜者并与之达成交易协议，随后按照协议实现招标。工程招标制度也称为工程招标承包制，它是指在市场经济的条件下，采用招投标方式以实现工程承包的一种工程管理制度。工程招投标制的建立与实行是对计划经济条件下单纯运用行政办法分配建设任务的一项重大改革措施，是保护市场竞争、反对市场垄断和发展市场经济的一个重要标志。

5.1　建筑装饰工程招标与投标概述

【学习目标】

了解建筑装饰工程招标与投标的基本概念；掌握装饰工程招标与投标的基本程序。

建筑装饰工程是建筑工程的重要组成部分，根据国际惯例和国家政　主管部门的规定，建筑装饰工程的招标与投标仍属于建筑工程范围内，由国家和地方建委招投标主管部门统一管理。

1. 建筑装饰工程招标与投标的基本概念

招标与投标是一种商品交易行为，它包括招标与投标两个方面的内容。是指招标人通过发布公告，吸引众多投标者，前来参加投标，择优选定投标者，最后达成协议。买卖双方在进行商品交易时，一般要经过协商洽谈、付款、提货等几个环节。招标与投标则属于洽谈这一环节。招标人进行招标，实际上是对自己所想购买的商品进行询价。所以，人们将这样一种商品交易行为统称为招标与投标。

目前，招标与投标在国际上广泛应用，不仅政府和主管部门，企事业单位用它来采购原材料、器材和机械设备，而且各种工程项目也采用这种形式进行物资采购和工程承包，这是商品经济发展的必然结果。

1) 建筑装饰工程的招标

建筑装饰工程招标，是指业主为实现所投资的建筑装饰工程或某一阶段的特定目标，以法定方式吸引实施者(设计单位、施工单位、监理单位等)参加竞争，并择优选择实施者的法律行为。

招标人(又称"发包商"、"发包方"或"甲方")通过工程招标的手段，利用投标人之间的竞争，达到从中择优、保证工程质量、确保建设工期及报价合适的目的。

2) 建筑装饰工程的投标

建筑装饰工程投标，是指建筑装饰工程或某一阶段的特定目标的可能实施者，经招标单位审查获得投标资格后，按照招标文件要求在规定的期限内向招标单位填报投标书，并中标的法律行为。

投标人又称"承包商"、"承包方"、"投标人"或"乙方"。招标和投标是企业法人之间的经济活动，是在双方同意基础上的一种交易行为，它受到国家法律的保护和监督。

2. 建筑装饰工程招标与投标的作用

建筑装饰工程招标与投标，是适应社会主义市场经济需要的必然产物，是建筑装饰工程市场竞争的必然结果，是提高管理水平和工程质量的重要措施。建筑装饰工程实行招、投标制，对于改进装饰施工企业的经营管理和施工技术水平，保证建筑装饰业的健康发展，保护双方的利益，具有强有力的推动作用。具体而言，其作用表现在以下几个方面。

1) 可以提高施工企业的经营管理水平

实行建筑装饰工程招、投标制，这是我国建筑装饰业的一项重大体制改革，它使业主和施工企业进入建筑装饰业市场进行公平交易、平等竞争、依法择优，从而迫使施工企业提高经营管理水平和技术水平，以优素质、高质量、低成本、短工期的良好企业信誉参加市场竞争，并立于不败之地。

2) 可以提高施工企业的施工技术水平，保证工程质量

体现建筑装饰施工企业的竞争实力，很重要的方面是其施工技术水平的高低，其目的是保证和提高工程质量。参与工程招、投标竞争，在激烈的工程竞争中获胜，必须努力提高企业的施工技术水平，立足培养高素质的技术人才，采用先进的施工工艺和施工机械，只有这样才能在强手如林的竞争中占领市场。

3) 可以加快施工速度、缩短工期

我国自 20 世纪 80 年代实行工程招、投标制，众多工程实践证明，实行招、投标制后，工程合同工期不仅低于计划经济时期，而且还低于现行的定额工期，工程能早日交付使用，提前发挥工程的作用和经济效益。在工程招、投标中，工期长短已成为衡量施工企业是否具有竞争实力的一个重要指标。

4) 可以降低工程造价、节约建设资金

实行工程招、投标制后，企业之间的竞争十分激烈，为了占领建筑市场，承揽工程任务，很多施工企业在投标时，往往是采取报价低于标底的策略，在保证有利可图的前提下，让部分利于甲方。这样，自然就会降低工程造价，节约建设资金。

5) 可以避免甲乙双方之间的矛盾

实行招、投标的工程，必然要签订工程承包合同，在承包合同中，不仅明确了双方各自的利益和职责，而且对工程的质量、工期、造价等进行了法律性规定，这样，在施工过程中，不仅可以避免双方相互推诿和扯皮现象，而且也避免了双方之间的矛盾，能使工程顺利进行。

3. 建筑装饰工程招标与投标的基本程序

建筑装饰工程招投标的基本程序，经历 30 余年的探索和总结，已经形成比较成熟的格式和程序。

1) 建筑装饰工程招标的基本程序

(1) 组建招标工作机构

招标工作机构通常由建设方负责或授权的代表和建筑师、室内设计师、预算经济师、水电、通信、设备工程师、装饰工程师等专业技术人员组成。招标工作机构的组成形式主要有三种：一是由建设方的基建主管部门抽调或聘请各专业人员负责招、投标的全部工作；二是由政府主管部门设立的招、投标办公机构，统一办理招、投标工作；三是有资格的建

筑咨询机构受建设方的委托，负责招标的技术性和事务性工作，但决策权还在建设方。

(2) 提出招标申请并进行登记

由建设单位(业主)向招标与投标管理机构提出工程招标申请，申请的主要内容包括工程项目名称、建设地点、招标方式、要求投标单位的资质等级、承包方式、施工前期准备情况等。经招标与投标管理机构审查批准后，进行招标登记，领取工程招标申请书。招标申请书的格式如表 5-1 所示。

表 5-1　招标申请书

工程项目		建设地点	
批准投资及计划建设文号		投资额/元	
设计单位		投资来源	
工程内容			
施工前期准备工作情况	1. 二次装饰条件　2. 概预算(标底)　3. 空调安装 4. 施工执照　5. 施工图纸　6. 三通一平		
材料、设备情况	1. 钢材　2. 木材　3. 水泥　4. 沥青　5. 玻璃		
要　　求	1. 质量类别　2. 工期　3. 承包方式　4. 材料供应		
申请招标方式	招标单位(盖章) 负责人(签字)		
审批意见	审批单位(盖章) 负责人(签字)		
备　注			
填表日期	年　月　日		

(3) 准备招标文件、编制标底

招标文件是投标单位编制投标报价的主要依据，由建设单位自行编制或委托相应机构代办，为贯彻公平竞争的原则，在编制招标文件时，还应制定相应的评标办法。

当招标文件中的商务条款一经确定后，即可进入标底的编制阶段，标底编制完毕后，应将必要的资料报送招标管理机构审定。

(4) 发布招标公告

建设单位(业主)根据招标方式的不同，发布招标公告或招标邀请函。

(5) 进行投标资格审查

招标领导小组对投标单位进行投标资格审查是一项非常重要的工作。按照国家现行规定，只有通过招标资格审查合格后，才具有参加该项工程投标的资格。对建筑装饰企业的资格审查，应重点审查企业过去承包类似工程的质量、企业的管理水平、队伍的整体素质、技术装备情况、社会信誉和资金情况等。

(6) 组织工程投标

组织装饰工程进行投标，实际上是对通过资格审查的施工企业的具体了解，最后从中择优的过程。主要包括以下具体工作。

① 向通过资格审查的投标单位发售招标文件、设计文件、有关要求和有关技术资料等。

② 组织投标单位的代表勘察施工现场，解答文件中的有关疑点。

③ 按限定的期限、限定的地点接受投标单位报送的投标书。

④ 按规定的期限开标、定标，向中标单位发出中标通知书。

⑤ 按规定的程序和国家有关规定，招标单位与中标承包单位签订建筑装饰工程承包合同。

2) 建筑装饰工程投标的基本程序

建筑装饰工程投标的基本程序，即指在工程投标过程中各项活动的步骤与相关内容，它反映了工程投标中各工作环节的内在联系和逻辑关系。建筑装饰工程投标的具体步骤如下。

① 根据获得的建筑装饰工程招标的信息，编制建筑装饰工程的投标书，并按照招标信息中的规定，按期参加投标。

② 接受招标单位及有关单位对施工企业的资格审查，参加投标的施工企业应符合招标所提出的相应资质。

③ 施工企业在通过资格审查后，应及时向招标单位领取或购买招标文件、施工图纸及有关资料等。

④ 组织有关技术人员仔细阅读和分析招标文件，研究制订工程承包方案，并根据本工程和企业的实际计算投标价。

⑤ 按时参加勘察施工现场，询问招标文件或施工图纸中的疑问，修改、落实施工方案和标价。

⑥ 按照招标文件所提出的具体要求，编制装饰工程投标书，并在规定的时间内报送招标单位。

⑦ 按时参加开标会，实事求是地阐述承包工程的优势。如果中标，在规定的时间内与招标单位签订工程承发包合同。

5.2　建筑装饰工程的招标

【学习目标】

了解装饰工程招标的类型及范围；掌握装饰工程招标的基本方式与基本条件；掌握建筑装饰工程招标的基本程序。

1. 招标的类型及范围

1) 建筑装饰工程招标的类型

建筑装饰工程招标的类型，与建筑工程招标的类型有所不同，主要包括装饰工程设计招标和装饰工程施工招标。

(1) 装饰工程设计招标

装饰工程设计招标，一般是对大中型高档建筑的公共部分，如大堂、多功能厅、会议厅、大小餐厅、高级办公室、娱乐空间等精装部分进行装饰设计招标。这种招标方式一般要求先绘制平面图、主要立面图、剖面图和彩色效果图，以及设计估算报价书等方案设计文件，待方案设计中标后，再进行施工图的绘制。

(2) 装饰工程施工招标

装饰工程施工招标，一般是对建筑高级装饰部分进行施工招标，如室内的公共空间工程；建筑外部玻璃幕墙工程，外墙石材饰面工程，外墙复合铝板工程等。

施工招标的工程内容，又可以分为包工包料、包工不包料和建设方供主材、承包方供辅料等几种形式。

2) 装饰工程施工招标的范围

装饰工程施工招标的范围很广，既包括室内装饰工程，如顶棚、地面、墙面、灯饰、家具等；也包括建筑室外工程及周边环境艺术工程，如园林绿化、景点造型、门前广场、雕塑喷泉等；还包括水、电、暖、通风等工种的支路管线工程。

2. 装饰工程招标的基本方式

建筑装饰工程招标的基本方式，与土建工程基本相同，主要分为竞争性和非竞争性两大类。

1) 竞争性招标

建筑装饰工程实行竞争性招标，是提倡采用的一种招标方式。竞争性招标又可分为公

开招标和邀请招标两种。

(1) 公开招标

公开招标是一种无限竞争性招标。这种方式是由招标单位通过报刊、电台、电视等公共传播媒介，发布装饰工程招标公告，使所有符合招标条件的承包企业都有同等机会参与投标竞争，使业主在众多的投标单位中有充分的选择余地，有利于选择到综合素质优秀的承包企业。

采用这种招标方式的优点是：承包机会均等，打破独家垄断，形成全面竞争，从而可促使承包企业努力提高工程质量，缩短施工工期，降低工程成本；招标单位可以在众多的投标单位中选择技术优良、报价合理、工期较短、信誉良好的承包企业。这种招标方式的不足之处是：投标单位较多，审查工作量大，招标费用较多。

(2) 邀请招标

邀请招标是一种有限竞争招标，也称为选择性招标或指定性招标。招标单位不公开发布招标公告，而是根据工程特点和装饰要求，招标单位依据自己掌握的信息和资料，向所熟悉的、具有相应承包工程资质等级的装饰企业发出邀请函，请有关施工企业参加投标竞争。

采用这种招标方式的优点是：被邀请参加投标竞争的承包企业数量少，招标的工作量可大大减少，并可以节省招标费用。同时，由于对这些承包企业的技术水平、施工业绩、经济信誉等比较了解，能确保装饰工程的施工质量和施工进度。这种招标方式的不足之处是：限制了参与竞争的范围，招标单位的选择余地较小，有可能会失去技术上和报价上有竞争力的投标者。

采用这种招标方式应特别注意，招标单位应邀请三个以上有工程承包能力的施工企业参加工程投标。

2) 非竞争性招标

非竞争性招标又称协商议标、谈判招标。这种招标方式不需要通过公开招标或有限招标，而由招标单位直接邀请某一承包企业进行协商，当协商不成功时，再邀请第二家、第三家进行协商，直至达成协议为止。

这种招标方式虽然能节约大量工作量，能较快确定装饰承包企业，尽快开展准备和施工工作，但有损于工程招标公开、公正和公平的原则。因此，这种招标方式仅适用于不宜公开招标的国家重要机关、专业性强、特殊要求多和保密性强的装饰工程，并应报县级以上建设行政主管部门，经批准后方可进行。

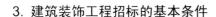

3. 建筑装饰工程招标的基本条件

根据《工程建设施工招标投标管理办法》的规定，建设单位(业主)、建设项目和工程施工投标的基本条件如下。

1) 建设单位招标的基本条件

① 建设单位必须是法人，或依法成立的其他组织。

② 有与招标工程相适应的经济、技术、管理人员。

③ 有组织编制招标文件的能力。

④ 有审查投标单位资质的能力。

⑤ 有组织开标、评标、定标的能力。

如果不具备以上②～⑤项条件的建设单位，须委托具有相应资质的咨询、监理等单位代理招标。

2) 建筑装饰工程项目招标的基本条件

① 工程概(预)算已经批准。

② 建设项目已正式列入国家、部门或地方的年度固定资产投资计划。

③ 建设用地的征用工作已经完成。

④ 有能够满足施工需要的施工图纸及技术资料。

⑤ 建设资金和主要建筑材料、设备的来源已落实。

⑥ 已经建设项目所在地规划部门批准，施工现场的"三通一平"已经完成或一并列入施工招标范围。

4. 装饰工程招标前的准备工作

建筑装饰工程在招标前，主要应当做好编制招标文件、编制工程标底、发布招标公告、进行资格审查等准备工作。

1) 编制招标文件

招标单位在装饰工程招标前，必须首先编制好招标文件。招标文件是招标单位介绍拟装饰工程概况和说明工程质量要求、标准的书面文件，是工程招标的核心，是提供给投标单位编制标书的具体依据，同时也是建设单位(业主)与中标单位签订工程承包合同的基本依据。

招标文件一般由招标单位负责编制，要求内容详尽、项目齐全、叙述简明。招标文件主要包括以下内容。

(1) 工程综合说明

工程综合说明的内容很多,主要应包括工程项目名称、工程范围、建筑装饰面积、工期要求、质量标准、施工现场条件、工程招标方式、投标企业应具备的资质等级、其他应说明的问题。

(2) 图纸及有关资料

招标文件中的装饰工程设计图纸,应达到一定的设计深度和细度。一般应包括彩色效果图、设计说明、工程做法表、特殊技术要求、门窗表、平面图、立面图、剖面图、构造结点大样、综合吊顶平面图、水电、通风、消防等各专业图纸。

其他有关资料主要是指技术资料,这些资料应明确招标工程适用的施工验收规范或验收标准,有关施工方法与具体要求,对建筑装饰材料、成品、半成品的质量检验方法和保管使用说明等。

(3) 工程量清单

工程量清单是投标单位计算标价和招标方评标的依据。它通常以一个单位工程为对象,按分部分项工程列出工程数量。在工程中常用的格式,如表 5-2 所示。

表 5-2　某单位工程工程量表

编　号	单项工程名称	简要说明	单　位	工程数量	单价/元	总价/元
1	2	3	4	5	6	7

注:表中第 1~5 栏由招标单位填列,第 6~7 栏由投标单位填列,表中关于工程项目的划分和计算方法,应执行有关统一的规定,以便使招标与投标单位在工程项目划分和工程量计算方面口径统一。

(4) 其他有关内容

① 由银行出具的拟建建筑装饰工程的资金证明和工程款的支付方式。

② 主要建筑装饰材料来源和供应方式,加工订货情况和材料设备差价的处理方法。

③ 建筑装饰工程中的特殊工程,采用新材料、新工艺、新技术的施工要求,工程的检验标准。

④ 投标书的编制具体要求及工程评标、定标的原则。

⑤ 投标、开标、评标、定标等各项活动的日程安排。

⑥ 《建筑装饰工程施工合同条件》及调整要求。

⑦ 其他需要说明的事项。

2)　编制装饰工程标底

工程标底又称工程"招标价"，由招标单位自行编制或委托经建设行政主管部门认定具有编制标底能力的相应机构编制，并经招标主管单位审定。按照工程招标的有关规定，工程施工招标必须编制标底。

(1)　标底的作用与分类

①　标底的作用。标底是招标单位确定工程总造价的依据，是进行招标、评标和定标的主要依据之一。标底代表建筑装饰工程的计划价格，其投资额应控制在工程的计划投资范围内，以免工程造价突破投资。同时，主管部门也可根据工程标底对建筑装饰工程产品的价格进行有效的监督。

标底是衡量投标单位对工程报价高低的标准。凡经审定的标底，反映出一定时期装饰工程造价的社会平均水平。而投标单位在报价时，根据自己的优势所提出的价格，则是企业的个别水平，一般应略低于社会平均水平，即报价应等于或低于标底。这样的标底就可以用来审核各投标单位工程报价的高低，并以此判断报价的合理程度。

标底是保证工程质量的基础。凡经审定的标底，应能充分体现当地建筑装饰市场的水平，即在确保工程质量、施工工期前提下的合理价格。这样，能避免招标单位片面压价，又可防止投标单位盲目投低价。因此，编制准确的标底是装饰工程质量可靠的经济保证。

②　标底的分类。根据不同工程的特点，标底主要有以下几种。

● 按建筑装饰工程量的单位造价包干的标底 (m^3、m^2、m、km)。

● 按装饰施工图预算包干的标底。

● 按装饰施工图预算加系数一次性包干的标底。

● 按扩大初步设计图纸及说明书资料实行总概算交钥匙包干的标底。

(2)　标底编制应遵循的原则

①　标底价格应由成本、利润、税金等组成。一般控制在批准总概算及投资包干的限额内。

②　标底价格不仅应考虑人工、材料、机械台班等价格变动因素，而且还要考虑施工不可预见费、包干费和措施费等，工程要求优良的，还应增加相应费用。

③　一个工程只能编制一个标底。

(3)　标底编制的主要依据

①　设计图纸及有关资料。

②　招标文件。

③ 国家和省市现行的装饰定额、参考定额和费用定额及政策性调整文件。

④ 地区材料、设备预算价格价差。

⑤ 工程现场施工情况及运输条件。

3) 发布招标公告

当采用公开招标方式进行招标时，应根据工程规模和性质在当地或全国性报纸或电视上发布招标公告。其内容如下。

① 招标单位和招标工程名称。

② 招标工程内容简介。

③ 工程承包方式。

④ 投标单位资格要求。

⑤ 领取招标文件的时间、地点和应缴费用。

采用邀请招标方式进行招标时，应由招标单位向预先选定的装饰企业发邀请招标函，也可以先发布公告，公开邀请建筑装饰企业报名参加预审，从中选定若干邀请对象，然后发函邀请其参加投标。

4) 进行资格审查

投标方资格审查的目的，在于了解投标方的技术和财务实力及管理经验，以限制不符合要求条件的承包商盲目参加投标。在发售招标文件之前由招标方负责资格审查，合格者才准许购买招标文件。

(1) 资格审查的内容

投资方资格审查的主要内容如下。

① 建筑装饰企业营业执照和建筑装饰资质等级证件。

② 主要施工经历及业绩。

③ 技术力量简况。

④ 施工机械装配状况。

⑤ 装饰企业的资金和财务情况。

⑥ 已施工工程照片、资料等。

(2) 资格审查的程序

资格审查的程序，通常由投标方按照招标方的要求在规定的时间内向招标单位购买投标企业简况调查表，按照规定填写好调查表后，交回招标单位，同时交验有关证件；招标方审查后，分别将审查结果通知申请投标单位。

5. 招标过程中的组织

工程招标是否顺利和成功，关键在于在招标过程中组织工作的好坏。根据众多工程的招标经验，在招标过程中的组织工作，主要包括以下几个方面。

1) 发售招标文件及设计图纸

招标单位向通过投标资质审查合格的企业正式发出招标邀请，并在规定的时间、地点发(售)招标文件，并办理签收手续，向招标单位缴纳保证金。

2) 组织投标单位勘察并答疑

招标单位发出招标文件后，需要组织投标者进行现场勘察，并回答招标文件中的疑点，使投标者了解装饰工程的现场条件及环境特点，以便编制投标书及投标注意事项。

对投标方提出的疑问，应以书面记录方式，印发给各投标方，作为招标文件的补充。投标方对招标文件中的疑问，一般应预先以书面提出，也可在交底会上临时口头提出。招标方对所提疑问一律在答疑会上公开解答。在开标之前，不应与任何投标方的代表单独接触和个别解答任何问题。

3) 接受投标单位的投标文件

在工程招标文件中，要明确投标者投送投标文件的地点、期限和方式。投标人送达投标文件时，招标单位应检验投标文件的密封是否符合要求，合格者发给回执，不合格者坚决拒收。

6. 开标、评标与定标

1) 工程开标

工程开标由招标单位邀请上级主管部门、招标管理机构、建设银行、公证处和标底编审等单位参加，并成立工程评标小组，按招标文件规定的时间、地点公开进行。

工程开标的一般程序如下。

① 由招标工作人员介绍各方到会人员，宣布会议主持人及招标单位法人代表证件或法人代表委托书。

② 会议主持人开始主持会议，检验投标企业法人或其指定代理人的身份证件、委托书。

③ 会议主持人宣布评标、定标办法和评标小组成员名单。

④ 会议主持人当众检验启封投标书。其中有如下情况之一者，视为无效标书。

a. 投标书未进行密封；

b. 未加盖单位公章或法人印章；

c. 投标书未按规定的格式填写，内容不全或字迹模糊不清；

d. 投标书逾期送达；

e. 投标单位未参加会议。凡属于上述情况之一者，必须经评标小组半数以上成员确认，并在公证人的监督下当众宣布。

⑤ 投标企业法人代表或其指定的代理人当众声明，对招标文件是否确认。

⑥ 按照工程投标书送达时间或以抽签方式，确定投标企业的唱标顺序。

⑦ 各投标企业代表按确定的顺序唱标。装饰工程唱标可以唱总标价，也可以按不同的装饰工程部位(如大堂、多功能厅等)，分块进行唱标，分别进行评标。

⑧ 当众启封并公布工程的标底。

⑨ 招标单位应指定专人进行监唱，做好开标记录(最好是在工程开标汇总表上记录)，并由各投标企业法人代表或指定的代理人在记录上签字。

2) 工程评标

工程评标是在工程开标后，由招标单位组织评标工作小组对各投标人的投标书进行审查、评比和分析的过程，这是整个招标与投标过程中的重要环节。

工程评标工作小组成员应由建设单位或代理招标单位、标底编制单位 (如建筑装饰咨询机构)、设计单位、资金提供单位等组成。评标工作小组成员要与工程规模和技术复杂程度相适应，一般 5 到 9 人为宜，大型项目可增至 11 人左右。其中建设单位的人数一般不得超过总人数的 1/3。

评标工作小组组长由招标工作小组组长担任，成员中必须有装饰工程师、经济师，大中型项目应有高级工程师、高级经济师参加。

评标人评标时应采用科学方法，以公正平等、经济合理、技术先进为原则，并按规定的评标条件来进行评标。

(1) 评标条件

评标的条件绝不是简单地比较投标单位的投标报价，而应从多方面进行综合分析比较，其主要条件如下。

① 投标报价合理。对国内招投标的装饰工程项目而言，所谓标价合理并不是标价越低越合理，而是指标价与标底接近，而标价不超过预先规定的允许幅度。它不同国际招标的标价可以自由浮动，这是以保证投标企业的正当经济利益为前提的。因此，不能认为标价越低越好。

②　施工工期适当。满足招标文件中提出的工期要求。

③　方案先进可行。要求一般装饰工程有施工方案，大中型项目应有施工组织设计，达到先进合理、切实可行，并有严格的质量保证体系和措施，能够在技术上保证装饰工程质量达到规范规定的质量标准和需求的质量要求。

④　社会信誉良好。企业的信誉主要取决于信用合同，遵守法律，工程质量和服务质量良好，承担过较多的类似工程，质量可靠。

(2)　评标办法

目前常用的评标办法主要有条件对比法和打分评标法两种。

①　条件对比法。条件对比法也称综合分析评比法。通过对投标单位能力、业绩、信誉、投标价格、工期质量、施工方案等条件进行定性的分析和比较，最后确定中标单位。这种方法，由于没有对各标书的量化比较，评标的科学性差，主观随意性强，透明度不高，很难做到公正合理。因此，仅适用于装饰量较小或规模不大的改建项目招投标。

②　打分评标法。打分评标法也称综合评估法。通过对各投标书的报价、工期、施工方案及主要材料用量、工程质量业绩、企业信誉等方面进行综合评议。按照评标办法中的有关规定和评分标准，评标小组的成员对各企业进行打分，最后以综合得分最高者为中标单位。

3)　工程定标

工程定标，又称为工程决标，是招标单位根据评标工作小组评议的结果，择优确定中标单位的过程。

中标单位确定后，应由招标单位填写中标通知书，经上级主管部门审核签发后，书面通知中标单位，同时抄送未中标单位。未中标的投标单位应在接到通知一周内，退回招标文件及有关资料，招标单位同时退还投标保证金。

4)　签订合同

中标单位接到中标通知书后，应在一定期限内(一般不超过一个月)与招标单位就签订承发包合同进行磋商，双方在合同条款商定一致，达成共识后，立即签订合同。至此中标单位转变为承包单位，并对其所承包的工程负有经济和法律责任。

5.3　建筑装饰工程的投标

【学习目标】

了解装饰工程投标的类型及范围；掌握装饰工程投标的基本方式与基本条件；掌握建

筑装饰工程投标的基本程序。

1. 投标的基本条件

参加工程投标的施工企业(承包商)都有可能成为工程的实施者，但不同的工程对施工投标者有不同的要求，根据《工程建设施工招标投标管理办法》的规定，一般具备下列条件时，才可以进行投标。

① 必须具有权力机关批准的营业执照，执照上应注明业务范围。

② 必须具有社会法人的资格，方能进行工程投标活动。

③ 符合招标单位提出的条件和要求，中标后能及时进行施工。

④ 投标文件已编写齐全。

具备投标条件的装饰企业，可根据工程招标信息和企业的等级条件，向招标单位提出申请，提交投标申请书，该申请书必须按照招标单位发售的投标申请文件要求填写。提交投标申请书后，必须接受招标单位的资格审查，资格审查合格者即可领取招标文件。

2. 投标的准备工作

1) 研究招标文件

招标文件是拟建工程项目概况的浓缩，也是编制标书的基本依据。承包商在领取招标文件后，应认真熟悉和掌握招标文件的内容，认真研究工程条件、工程施工范围、工程量、施工工期、质量要求、付款办法及合同其他主要条款等，弄清承包责任和报价范围，千万注意不要出现遗漏。如果发现招标文件中存在模糊概念和把握不准之处，应认真做好记录，以便在招标单位组织的答疑会上提出，以得到澄清。研究招标文件的重点主要包括以下几个方面。

① 对工程的综合说明仔细阅读，以获得对工程全貌的了解。

② 熟悉设计图纸及有关特殊要求，详细了解各部位工艺做法和对材料品种、加工规格要求，对整个建筑装饰设计及其各部位详细的尺寸，以及各专业图纸之间的关系都要吃透，发现不清楚或相互矛盾之处，要提请招标方解释或订正。

③ 研究合同主要条款，明确中标方应承担的义务、责任及应享有的权利。重点是承包方式、竣工时间及奖罚规定，材料供应及价款结算办法，工程变更、停工、窝工损失处理办法等。因这些因素关系到施工方案的安排，资金的周转、成本费用，最终都会反映在标价上，所以必须认真研究，以利于减少承包风险。

全面研究工程招标文件，对工程本身和招标的要求基本了解掌握之后，投标单位就可以制订投标计划，有秩序地开展工作，以争取中标。

2)　参加招标答疑会

参加投标竞争，对招标文件的所有问题清楚正确地了解是保证投标准确性的首要条件。投标单位对招标文件中存在的模糊概念和把握不准之处以及设计图纸中的有关疑问或各专业间的有关问题，都应在招标答疑会上提出，以求得清楚准确的答案，为投标工作创造有利的条件。

3)　勘察施工现场

装饰工程施工是在土建施工和水、暖、电、通风、烟感、喷淋、音像、电视、消防监控等各专业系统施工后的基础上进行的。因而需要对土建施工的质量情况及各专业设备系统工程配合施工情况进行全面的勘测、调查、了解、掌握。各专业施工进度直接关系到装饰施工进场条件和装饰施工进度计划的制订，同时对场地的道路、施工用水、用电、通风设施、冬季施工供暖情况及垂直运输、材料堆场、临时设施(办公室、材料库、宿舍)等情况也要相应了解清楚。

4)　调查投标环境

投标环境是指中标工程的自然、经济和社会条件。这些条件是工程施工的制约或有利因素，它必然影响工程成本，是投标单位报价时必须考虑的，所以要在报价前了解清楚。通常要调查以下几项内容。

(1)　自然条件

自然条件主要是指当地常年最高和最低气温，风雨的频率、强度等影响施工的因素。这些资料可请招标方提供，或从当地气象部门取得。

(2)　装饰材料供应

装饰材料供应主要包括高档石材、木板材、轻钢龙骨、石膏板材、电器、装饰辅料、卫生洁具、五金件的配套供应能力和价格，当地租赁建筑机械、脚手架的价格及供给可能性等。

(3)　其他相关情况

水、暖、电、通风、空调等各专业分包商的分包能力及分包条件。水、暖、电、通风各专业材料设备的供应能力及价格。

(4)　交通运输条件

了解当地及其承包工程的交通运输条件和有关事项。

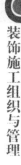

3. 投标文件的编制与报送

1) 投标文件的编制

编制投标文件，首先要正确把握投标报价技巧与策略，并以此策略统揽投标文件其他内容的编制，以求达到中标的目的。

编制投标文件一般从校核工程量以及编制施工方案入手，然后估算出成本，算出标价，提出保证工程质量、进度和施工安全的主要技术措施，确定计划开工、竣工日期及总进度，最后编写投标文件的综合说明，以及对招标文件中合同条款的确认意见。

(1) 计算或校核工程量

校核工程量工作，是一项严肃认真、细致繁杂的工作，关系到工程报价和企业的经济利益。在一般情况下，投标单位应根据施工图并结合施工方案的有关内容，列出分项工程项目，与招标文件中给定的工程量清单复核即可。当发现招标文件中所列工程量与校核结果不符或有较大出入时，需分清情况，区别对待。如果要求用固定总价方式承包时，应找招标单位核对工程量要求认可；如果要求用固定单价方式承包时，可采取不平衡报价策略，以确保和提高承包商自己的经济利益。

(2) 编制工程施工方案

一般工程编制施工方案、大中型工程编制施工组织设计，是投标报价的一个前提条件，也是招标单位在评标时考虑的关键因素之一。编制施工方案，要求投标单位的技术负责人亲自主持。

关于保证工程质量、施工进度和施工安全的主要技术组织措施的确定，计划开工、竣工日期及工程总进度的确定，这些内容与施工方案密切相连，所以，在编制施工方案的同时，上述内容一般应一起考虑，并用招标文件要求的表达方式或尽量用简单明了的表格方式表达。

(3) 估算工程成本

由于标底的价格是由成本、利润、税金等项目组成的，对国内招标投标的建设工程项目来讲，要求标价必须接近于工程标底，所以，标价的构成也应该与标底价格构成口径相同。

投标单位在进行估算工程成本之前，应收集有关资料和计算依据，根据招标文件、当地的概(预)算定额、取费标准等有关规定，并结合本企业自身的管理水平、技术水平、采取的措施和施工方法等条件，在充分调查研究，切实掌握自己企业成本的基础上，最后汇总出估算成本。这种估算成本的方法，称为施工图预算编制法，它估算出来的成本比较准确，是目前投标单位最常用的方法，但工作量较大，花费时间较长。

实际上编制投标文件的时间往往是非常短暂的，因此，投标组织者必须首先科学安排时间，选用适当方法，进行成本的估算工作。当时间比较紧迫时，可按经验估算出一个综合的工程量，然后套用综合预算定额来估算成本，或者按平方米造价指标估算工程成本。

估算成本确定后，再通过工程项目投标决策，最后形成投标工程的报价(标价)。

(4) 编写综合说明。

编写投标文件的综合说明，应包括对投标的综合说明和对招标文件中主要条款的确认意见。投标文件的综合说明，主要是说明投标企业的优势(如对类似工程施工的丰富经验、机械装备水平的先进程度、企业的技术力量和管理水平、企业的资金雄厚、企业的业绩和信誉等)，编制投标文件的依据以及投标文件包括的主要内容等；为表明施工企业的态度，有时也将对招标文件中合同主要条款的确认意见一并写入，当然在对合同主要条款的确认意见内容比较多时，应单独作为投标文件的一项内容编写。

2) 投标文件的报送

投标文件编制完毕，应将正本与副本(两份)装入密封装中，袋口加密封条，并加盖两枚企业公章和法人代表印鉴的骑缝章，在规定的期限内送达投标方指定地点。投标文件应由专人送达。招标方接到投标书，经检查确认投标书袋填写合格、密封无误后，应登记签收，并装入专用投标箱内。

投标企业在标书发出后，如发现有遗漏或错误，允许进行补充修正，但必须在投标截止日期前以正式的函件送达招标方，过时无效。凡符合上述条件的补充修订文件，应视为标书附件，作为评标、决标的依据之一。

4. 投标决策与策略

1) 投标决策的概念及主要内容

(1) 投标决策的基本概念

凡是参加工程投标的单位，都希望自己能够中标，以取得工程承包权。但是，承包权的竞争，是一场比技术、比谋略、比经验、比智慧、比实力的复杂竞争。施工企业要想在投标竞争中取胜，获得承包权并争取尽可能多的盈利，除了要提高施工企业素质，增强企业实力和提高企业信誉外，还须认真研究投标决策，以指导其投标全过程的工作。因此，投标决策的成败关系到企业的生存与发展。

投标决策又称投标策略，它是施工企业在对各种投标竞争的情报、资料收集、整理和分析的基础上，实现企业所追求的合理利润所采取的击败对手的手段选择。施工企业要获得较高的利润，在相当程度上取决于企业的技术水平和管理水平，这是投标竞争的基础。竞争能力具体表现为工期、质量、信誉和报价的竞争。但是并非竞争能力强的企业每次投标都能如愿以偿，而相当程度上还取决于企业的投标决策。

正确的决策来自于实践经验的积累和对客观规律的认识，以及对投标竞争具体情况的掌握和分析，同时与决策者的判断力、胆识和价值观念有密切关系。因此，投标决策中的定性决策占着重要地位。

(2) 投标决策的主要内容

施工投标决策包括两个主要方面：一是对投标工程项目的选择；二是对工程项目的投标决策。前者从整个施工企业角度出发，基于对企业内部条件和竞争环境的分析，为实现企业经营目标而考虑的；后者是就某一项具体工程投标而言，一般称它为工程项目投标决策。工程项目投标决策，又包括工程项目成本估算决策及投标报价决策两大内容。

2) 投标工程项目的选择

投标工程项目的选择主要包括建筑装饰市场信息收集、投标前的分析和投标目标的选择三个方面。

(1) 建筑装饰市场信息收集

随着社会主义市场经济的建立，施工企业要想在开放的建筑装饰市场中承揽到施工任务，必须认真在投标竞争的建筑装饰市场中收集有关信息，没有全面、及时、准确的建筑装饰市场的信息(情报)，就很难进行投标项目的正确选择，甚至在投标竞争中失败。

建筑装饰市场信息收集的主要途径如下。

① 计划部门的经济信息中心。

② 建筑装饰行政主管部门。

③ 工程咨询公司。

④ 装饰工程设计单位。

⑤ 建设单位的招标公告。

⑥ 金融信贷部门。

⑦ 外资投资流向。

⑧ 报纸、杂志、电视、电台的消息。

⑨ 施工企业业务人员、其他员工提供的信息。

⑩ 社会调查等。

总之，应该多渠道收集，全方位了解建筑装饰市场信息，以供决策。

(2) 投标前的分析

对于以上渠道所收集到的工程招标信息，是否决定参加投标，主要取决于以下三个方面。

① 施工企业的自身业务能力水平和当前经营状况的分析。这方面的分析，主要是分析本企业的施工力量、机械设备、技术水平、管理水平、施工经验等条件，能否满足招标文件的要求。对于该投标工程是否有人员、设备、经验方面的特长，分析本企业当前在建筑装饰工程施工中的任务饱和度、经济情况、社会信誉和企业参加竞争的优势等。

② 投标工程项目的特点和发包单位基本情况的分析。这方面的分析，主要是分析投标工程项目所在地的技术经济条件、投标工程本身施工技术和组织管理的难易程度，施工在技术和经济方面有无重大风险；是否能带来新的投标机会和续建工程项目；分析发包单位的资金雄厚程度、社会信誉高低、发展后劲强弱以及本企业与发包单位的原有关系等。

③ 综合分析、制定投标目标。通过以上两个方面的分析，还必须结合本企业的年度经营目标，对于重大的投标工程项目，必须结合企业的经营战略，进一步分析并制定出本企业的投标目标。

(3) 投标目标的选择

投标目标的选择，应当根据本企业的实际、建筑装饰市场的状况、竞争对手的实力、国民经济发展速度等，综合分析，区别对待。

① 投标的目标仅在于使企业有施工任务，能生存下去或取得最低利润。这种投标目标往往是在该施工企业经营不景气，有生产能力，但在建筑装饰工程施工任务吃不饱的情况下产生的。

② 投标的目标在于开拓新的业务，打开新的局面，争取今后的长期利润。这种投标目标往往是在该施工企业为了扩大经营范围、扩大影响，选择有把握的工程项目，建立和提高企业信誉的情况下产生的。

③ 投标的目标在于薄利多销，便于承揽更多工程，扩大长期利润。这种投标目标往往是在该施工企业在业务能力水平与其他施工企业相比，没有太大的优势，建筑装饰市场竞争激烈的情况下产生的。

④ 投标的目标在于取得较大的近期利润。这种投标目标往往是在该施工企业当前的经营状况比较好，在社会上的信誉较高，建筑装饰工程施工任务饱和，主要是为了提高企业的经济效益的情况下产生的。

通过上述各方面的综合分析，如果能得出利大于弊的判断，就应该果断决定报名参加投标；反之，则应放弃投标。

3) 工程项目施工投标的策略

(1) 投标报价规律和技巧

工程项目投标报价决策就是正确决定估算成本和投标报价的比率。为了做好这项决策工作，除了重视收集信息，做到知己知彼之外，还必须掌握竞争取胜的基本规律和技巧。

竞争取胜的基本规律是"以优胜劣"、"以长取短"。如何发挥本企业自己的优势，以优胜劣，就得应用投标报价的技巧。

① 扩大标价法。这是一种常用的作标方法，即除了按已知的正常条件编制标价以外，对工程中变化较大的或没有把握的作业，采用扩大单价，增加"不可预见费"的方法来减少风险。这种作标的缺点是：总价较高，往往不易中标。

② 多方案报价法。这种作标方法是在标书上报两个单价：一是按原说明书条款报一个价；二是加以注解，如"如果说明书作了……的改变，则报价可以减少×%"，使报价具有机动性。当业主看到这种报价时，考虑到按原说明书则投资较大，作一定修改后则投资减少，业主会考虑对原说明书进行某些修改。这种方法适用于说明书中的条款不够明确或不合理，承包企业为此要承担很大风险的情况。

③ 开口升级报价法。这种作标方法是将投标看成是与发包方协商的开始，首先对施工图纸和说明书进行分析，把工作中的一些难题，如花钱最多、难度最大的部分的标价降至"最低"，使竞争对手无法与己竞争，以此来吸引业主，取得与业主商谈的机会。但在标书中加以注解，并在技术谈判中，根据工程的实际情况，使工程承包成交时达到合理的标价。

④ 突然袭击法。这种报价方法是一种用来迷惑竞争对手的竞争艺术。在整个报价过程中，仍然按一般情况进行报价，甚至故意表现出自己对该工程兴趣不大，等快到投标截止的时候，再来个突然降价报价，使竞争对手措手不及。

以上几种投标报价的技巧，要根据实际情况灵活应用，及时采取相应的决策，才能取得较好的效果。

(2) 投标报价的定性决策

以上已经指出，成本估价低于社会平均消耗水平，是施工企业可能获得更高利润的源泉。如果施工企业能够以低于社会平均成本实现工程任务，那么获利的机会就增大。另外，按供求关系决定报价，这是施工企业经营市场观念的重要体现。

投标报价的定性决策通常有以下三种。

①　高报价决策。高报价决策一般采用较少，对于工程工期要求很紧的工程，技术及质量上有特殊要求的工程，投标者要承担较大风险的工程，企业有技术特长的工程，竞争对手很少的工程，企业信誉很高、工程饱满的情况下等，往往都采取较高的报价。

②　低报价决策。低报价决策类似于薄利多销的决策。目的在于应用低报价的吸引力打入一个新的市场和新的专业，或为长期经营着想要掌握新的技术等。低报价的损失成为企业应变的"工程招揽费"或"学费"。

另外，低报价决策还适用于企业工程任务不饱和、竞争对手多，用微利或保本的低报价，以求维持企业固定费用的开支，或用于工程比较简单、工程量大的工程。

③　中报价决策。中报价决策是三种定性决策中工作难度最大的决策类型，它常常伴随着投标临机决策而发生。例如，在获得竞争对手的某些信息后，在投标截止时间的前一刻钟，临时决定削低标价，以求中标。

(3)　工程项目投标的策略

建筑装饰企业参加投标竞争，目的在于得到对自己最有利的施工承包合同，从而获得尽可能多的经济利益。为此，在作出投标决策以后，必须研究投标的策略，投标策略作为投标取胜的方式、手段和艺术，贯穿于工程投标竞争的始终。正确的策略来自实践经验的积累和对客观规律的认识，以及对投标竞争具体情况的了解、掌握和分析，同时也与决策者的判断力、组织能力和价值观念有密切关系。投标策略包括的内容非常丰富，主要包括以下几个方面。

①　靠经营管理水平高取胜。主要靠做好施工组织设计，采用合理的装饰施工技术和先进的施工机械，安排紧凑的施工进度，精心采购质量好的装饰材料，力求节省管理费用等，从而有效地降低工程成本而获得较大的利润。

②　靠缩短装饰工期取胜。在招标文件要求工期的基础上，采取有效措施，将工期再提前若干天，并能保证装饰工程质量，使招标工程早交工、早使用、早受益，以吸引业主。

③　靠改进设计图纸取胜。通过仔细研究原设计图纸，若发现有明显不合理之处，可提出改进设计的建议和能切实降低造价、增强美观的措施。

④　采用较低利润策略。主要适用装饰企业任务不足时，可以低利承包部分工程，尤其是对初到新的地区，为了打入这个地区的装饰市场，建立信誉，也往往采用这种策略。

⑤　采用长远发展策略。着眼于长远发展，以争取将来的优势，为了掌握某种有发展前途的装饰施工技术，宁可在当前工程上以微利甚至无利的价格，参与竞争，这是一种较有远见的策略。

思 考 题

1. 简述建筑装饰工程招标与投标的基本概念。

2. 建筑装饰工程招标与投标的作用是什么?

3. 建筑装饰工程招标与投标的基本程序有哪些?

4. 建筑装饰工程招标的类型和方式有哪些? 不同招标方式各有什么优缺点?

5. 建筑装饰工程在招标前应进行哪些准备工作?

6. 建筑装饰工程招标与投标分别应具备哪些基本条件?

7. 建筑装饰工程在投标前应进行哪些准备工作?

8. 对投标企业进行资格审查的目的是什么? 审查的具体内容有哪些?

9. 什么是工程投标决策? 主要包括哪些方面?

10. 装饰工程项目的投标决策主要有哪些?

第6章　建筑装饰工程承包合同

内容提要

本章主要介绍了合同的基本概念，工程合同的作用、特征、分类，重点论述了建筑装饰工程承包合同的内容、谈判与签订、合同的履行、施工索赔等。

技能目标

- 了解工程合同的基本概念；掌握装饰工程合同的作用与合同的种类。
- 了解建筑装饰工程承包合同的主要条款；掌握建筑装饰工程承包合同的主要内容。
- 可掌握有关合同的基本知识，学会以法律的手段管理建筑装饰工程的施工。

项目案例导入

随着现代科学技术的飞速发展，社会生产力也相应得到发展，社会的分工也愈来愈细，生产社会化程度愈来愈高。不同行业、不同企业都将成为社会生产有机体中的一个细胞，其生存和发展与全社会关系紧密相连。

建筑装饰工程是一项极其复杂的综合性工程，其整个生产过程涉及社会的各行、各业，从工程项目的立项到工程的竣工验收、投产使用，需要经过计划、可行性论证、勘察、设计、施工等阶段，必须由多方的参与和实践才能实现。众多单位为共同实现一个目标，不可避免地存在着相互协调、相互支持、默契配合、相互制约等问题。如何满足以上要求？利用签订建筑装饰工程承包合同，是一个极其重要的保证措施。

6.1　建筑装饰工程合同概述

【学习目标】

了解工程合同的基本概念；掌握装饰工程合同的作用与合同的种类。

目前，经济合同制已在世界各国普遍实行，并成为在组织生产、流通领域中重要的科学管理手段，取得了明显的社会效益和经济效益。工程实践证明，采用技术革新和优化处理措施，可使工程投资节省 3%～5%，而实行经济合同制，并加强对合同的管理，则可使工程节省投资 10%～20%。由此可见，在建筑装饰工程的施工过程中，利用经济合同手段，加强对工程建设的科学管理，是保证工程建设项目顺利实施的重要措施。

1. 工程合同的基本概念

1) 合同的概念

合同又称为契约。合同有广义、狭义之分。广义合同，泛指发生一定权利、义务的协议；狭义合同，系人们通常所说的合同，是指当事人双方或多方关于建立、变更、终止民事权利和义务的协议。

我国为适应社会主义现代化建设的要求，1982年颁布的《中华人民共和国经济合同法》，已经多次修订，对合同原则、各类合同的订立和履行，合同的变更和解除，违反经济合同的责任，合同的纠纷调解和仲裁，国家对经济合同的管理等问题做了明确的规定。

2) 合同的法律特征和效力

(1) 合同的法律特征

合同是当事人双方的法律行为，它具有以下法律特征。

① 签订合同者必须是法人。

② 合同是合法的法律行为。

③ 合同是双方的法律行为。

④ 合同双方的地位平等。

(2) 合同的法律效力

合同具有以下法律效力。

① 合同成立之后，合同的双方(或多方)当事人必须无条件地、全面履行合同中约定的各项义务。

② 依法订立的合同，除非经双方当事人协商同意，或出现了法律变更原因，可以将合同变更或解除外，任何一方都不得擅自变更或解除合同。

③ 合同当事人一方不履行或未能全部履行义务时，则构成违约行为，要依法承担民事责任；另一方当事人有权请求法院强制其履行义务，并有权就不履行或迟延履行合同而造成的损失请求赔偿。

2. 装饰工程合同的作用

建筑装饰工程承包合同是经济合同中的一种，是工程发包方与承包方为完成建筑装饰工程任务，所签订的具有法律效力的经济合同。这种合同明确了双方的责任、义务、权利及经济利益的关系，在合同实施的过程中起着极其重要的作用。

①　建筑装饰工程承包合同明确了双方的责、权、利，使合同双方的计划能得到有机的统一，使计划的落实和实现有所制约和保证，能确保建筑装饰工程按承包合同中预定的目标顺利实施。

②　建筑装饰工程承包合同为有关管理部门和签订合同的双方提供了监督和检查的依据，能根据合同随时掌握工程施工的动态，全面监督检查其工作的落实情况，及时发现问题和解决问题。

③　建筑装饰工程承包合同中明确了工程的工期、质量标准和造价，这样有利于提高施工企业的经营管理水平。

④　实行建筑装饰工程承包合同制，有利于充分调动发包商和承包商等各方面的积极性，共同在工程承包合同的相互制约下，有效地共同保证建筑装饰工程项目的完成。

3. 装饰工程合同的种类

建筑装饰工程合同是经济合同中的一种，是发包方与承包方为完成建筑装饰工程任务而签订的具有法律效力的经济合同。根据取费的方式不同，建筑装饰工程承包合同，可分为固定总价合同、计量估价合同、单价合同和成本加酬金合同。

1)　固定总价合同

固定总价合同，是指发包方与承包方按固定不变的工程投标报价进行工程结算，不因工程量、设备、材料价格、工资等变动而调整合同价格的合同。这种方式的特点是：以设计图纸和设计说明为依据，明确承包内容并计算总价，并且一笔包死。在履行合同的过程中，除非发包单位要求变更原来的承包内容，承包发包双方一般不得要求变更原来的总包价。

这种承包方式，对承包商来说，有可能获得较高的利润，但也要承担一定的风险。这种承包方式的优点是：建筑装饰工程造价一次包死，简单省事，不在资金上再次扯皮，但是承包商要承担工程量与单价的双重风险，这种方式多用于有把握的工程。

2)　计量估价合同

计量估价合同，是以工程量清单和单价表为依据，估算工程项目造价的一种承包方式。

工程量清单通常由建设单位委托专业估算师提出，作为招标文件的重要组成部分，由承包商填报单价，并算出工程总造价。在特殊情况下，个别工程项目(如工程量不清)可规定为暂定价，允许按实际情况进行调整。

这种方式中的工程量是按施工图纸统一计算出来的，承包商只需计算并填报单价，即可得出工程的总造价；建设单位也只需审核单价是否合理即可。因此，对双方都比较方便，

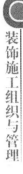

且风险较小。目前，国际上多采用这种方式，我国的施工图预算就属于此种类型。

3) 单价合同

单价合同，是指按照实际完成的工程量和承包商的投标单价进行结算的合同，也就是量可变、单价不变的合同。单价合同又分为按分部分项工程承包单价和按最终产品承包单价两种，它们又分别适用于不同的情况。

(1) 按分部分项工程承包单价

它由建设单位列出分部分项工程名称、计量单位和估计工程量，由承包商填报单价，双方协商后签订单价合同，将来按实际完成的工程量和商定的单价进行工程结算。这种承包方式，主要适用于没有详细的施工图、工程量难以确定，而又必须开工的紧急工程。

(2) 按最终产品承包单价

这是按建筑装饰工程每完成单位最终产品(如每平方米门窗、每平方米内墙装修等)的单位承包工程的一种方式。这种方式通常用于采用标准设计的工程。

4) 成本加酬金合同

成本加酬金合同，是一种按工程实际发生的成本，另加一定额度的酬金(利润)的合同。酬金的额度，一般按工程的规模和施工难易程度确定，酬金的多少，随工程成本的变化而变动。采用这种承包方式时，往往在合同中规定一些快速、优质、低成本的附加条件，以督促承包商很好地执行。这种成本加酬金的合同，可能酬金较少，但承包商不承担风险，比较安全。但其先决条件是发包方与承包方之间有高度的信任和交往，酬金由双方协商确定。

以上四种合同，前三者都不能鼓励承包商设法降低成本和缩短工期，对建设单位均不利。所以，一般适用于必须紧急施工的工程。

6.2　建筑装饰工程承包合同的内容

【学习目标】

了解建筑装饰工程承包合同的主要条款；掌握建筑装饰工程承包合同的主要内容。

1. 建筑装饰工程承包合同的主要条款

在建筑装饰工程承包合同的法律关系中，合同的主体是业主和承包商，合同的客体是建筑装饰工程项目，合同的内容是经过双方共同协商确定的权利和义务。根据《中华人民共和国经济法》、《建筑安装工程承包合同条例》、《建筑工程施工合同管理办法》、《建筑市场管理规定》和《建设工程施工合同》(GB 1999—0201)的规定, 建筑装饰工程承包合同应具备以下主要条款。

1)　标的

合同的标的要十分明确。在建筑装饰工程承包合同中, 主要应当明确工程项目、工程范围、工程量、施工工期和质量要求等。

2)　数量和质量

合同数量要明确计量单位, 如 m、m^2、m^3、kg、t 等; 在质量上, 要明确工程的质量等级、所采用的验收标准和验收方法等。

3)　价款或酬金

价款或酬金是建筑装饰工程承包合同的主要条款之一。在工程承包合同中, 要明确货币的名称、支付方式、单价、总价、付款日期、付款比例、结清期限等, 特别在国际工程承包合同中更应当引起注意。

4)　履约的期限、地点和方式

合同履行包括工程开始至工程完成的全过程(有时延长到使用期)、履约地点及结算方式等。

5)　违约责任

当合同当事人一方违反承包合同或不按承包合同规定的期限完成时, 将承担违约责任, 受到违约罚款。违约罚款有违约金和赔偿金等。

(1)　违约金

违约金是合同规定的对违约行为的一种经济制裁方法。违约金的数额, 一般由合同当事人在法律规定的范围内双方协商确定, 如事后发生争议, 可由仲裁机构或法律机关依法裁决或判决。

(2)　赔偿金

赔偿金是由违约方赔偿对方造成的经济损失, 赔偿金的数量要根据直接损失计算, 也可根据直接损失加由此引起的其他损失一并计算。如双方发生争执, 可由仲裁机构或法律机关依法裁决或判决。

2. 建筑装饰工程承包合同的主要内容

建筑装饰工程承包合同应当宗旨明确, 内容具体完整, 文字简练, 叙述清楚, 含义准确。对于关键词或个别专用名词, 应做必要的定义和解释, 以免模棱两可、解释不一、责任不明确, 而埋下纠纷的种子。在合同条款中不应出现含糊不清或各方未完全统一意见的

条文，以便于合同的执行和检查。

建筑装饰工程承包合同的内容，主要有以下十五个方面。

1) 简要说明

简要说明，是对整个工程承包合同的概括、总说明，文字不要太多，内容不宜与后边过多地重复。

2) 签订工程施工合同的依据

签订工程施工合同的依据，主要包括国家现行的方针和政策，上级主管部门批准此工程的有关文件的文号，经批准的建设计划、施工许可证等。

3) 工程的名称和地点

在施工承包合同中要明确工程的名称、工程的规模、等级及施工地点，为编制施工方案、调整材料价差和计算相应的费用提供依据。

4) 工程造价

工程造价是工程承包合同中最重要的一个数据，应当十分重视，明确写出工程项目的总造价，不仅要有小写数据，而且要有大写数据。

5) 工程范围和内容

在合同中应按施工图列出工程项目一览表，表中分别注明其工程量、计划投资、开竣工日期、工期及分期使用要求等。

6) 施工准备工作分工

施工准备工作是保证工程顺利开展的基础，是一项非常重要的工作。施工准备工作不只是施工单位的事情，有很多需要建设单位去完成。因此，应当明确建设单位与施工单位在施工准备工作方面的职责范围、工作项目、完成时间等。

7) 承包方式

建筑装饰工程的承包方式有多种，常见的有包工包料承包和包工不包料承包，在合同中应当十分明确，并将施工期间出现的政策性调整的处理方法写进合同。

8) 技术资料供应

技术资料是施工的依据和标准，其供应如何将严重影响能否顺利进行。因此，应当明确建设单位(或设计单位)向施工单位供应技术资料的内容、份数、时间、方式及其他有关事项。

9) 物资供应

物资供应是能否保证工程按时、按质、按量完成的重要工作。采用包工包料承包方式的工程，物资供应的责任主要在施工单位；采用包工不包料承包方式的工程，物资供应的责任主要在建设单位。应当明确物资供应的分工、内容、时间、质量要求、供应方式及管理等。

10) 工程质量和交工验收

工程质量和交工验收是工程施工的核心。在承包合同中应当明确工程质量的要求、施工规范、检查验收的标准和依据，发生工程质量事故的处理原则和方法，保修条件及保修期限等。

11) 工程拨款和结算方式

工程价款的拨付和结算，是建设单位和施工单位最容易发生矛盾的焦点。在承包合同中，应明确工程预付款、工程进度款拨付的具体数额和办法，应明确设计变更、材料调价、现场签证等处理方法、延期付款计息方法和工程结算方法等。

12) 奖罚条款

为提高工程质量、加快施工进度、降低工程成本，在合同双方自愿的前提下，商定奖罚条款，如工期提前或拖后的奖罚、质量达到某一等级的奖励、降低成本的奖励等，并明确奖罚的项目、数额(奖罚率)、支付方式、结算时间等。

13) 仲裁

仲裁是合同双方发生矛盾不能达成一致意见、依法解决矛盾的法律措施，在工程中是经常发生的。在承包合同中，应当明确可由某国某地方仲裁机构或法律机关进行仲裁或判决。

14) 合同份数和生效方式

在签订工程承包合同时，应当根据实际需要和法律要求，确定合同正本和副本的份数，并明确合同的生效日期。

15) 其他条款

除以上十四个方面外，其他需要在合同中明确的权利、义务和责任等条款。

6.3　建筑装饰工程合同的谈判与签订

【学习目标】

了解装饰工程的合同谈判；掌握装饰工程合同签订的程序和注意事项。

建筑装饰工程施工合同，具有履行周期长、条款内容多、涉及面较广等特点，合同中确定的甲、乙双方的权利义务及其合同价格，是影响施工企业利益的主要因素，而合同谈判和签订是获得尽可能多利益的最好机会。在合同签订之前，合同当事人可以利用法律赋予的平等权利，只要其合法、有效，且具有法律的约束力，就要受到法律的保护。对合同谈判与签订应当引起足够的重视，从而能从合同条款上全力维护己方的利益。

1. 建筑装饰工程的合同谈判

建筑装饰工程的合同谈判，是合同签订双方对是否签订合同，以及合同具体内容达成一致的协商过程。

1) 合同谈判的准备工作

合同谈判是相互竞争的场合，涉及内容比较繁杂，随时会发生多种变化，为使谈判取得成功，认真做好各方面的准备工作十分必要。建筑装饰工程合同谈判的准备工作，主要包括以下几个方面。

(1) 谈判的组织准备

成立强有力的谈判组织机构，合理选调具有丰富的专业知识、技术素质高、便于组织协调的人员参加。对谈判组长即主要谈判人选的确定，更是谈判成功的关键，一般要求主谈具有以下四个方面的基本素质。

① 具有较强的业务能力和应变能力。

② 具有较宽的知识面和丰富的工程经验与谈判经验。

③ 具有较强的分析判断能力且决策果断。

④ 年富力强，思维敏捷、精力充沛。

谈判组以 3～5 人为宜，可根据谈判不同阶段的要求，进行阶段性的更换，以确保谈判小组的知识结构与能力素质的针对性，取得谈判的最佳效果。

(2) 谈判的资料准备

谈判前要准备好自己一方谈判使用的各种参考资料，准备提交给对方的文件资料以及计划向对方索取的文件资料清单。资料准备可以起到双重作用。其一是双方在某一具体问题上争执不休时，提供论据、背景资料，可起到事半功倍的效果；其二是防止谈判小组成员在谈判中出现口径不一的情况，以免造成被动。

(3) 谈判前的具体分析

在获得基础材料、背景材料的基础上，即可做一定分析。俗话说 "知己知彼，百战不殆"，谈判的重要准备工作就是对己方和对方进行充分分析。

① 发包方必须运用科学研究的成果，对拟建项目的投资进行综合分析、论证和决策。和众多的工程承包单位接触，实地考察承包方以前完成的各类工程质量和工期；考察承包方在被考察工程施工中的主体地位，是总包方还是分包方；亲自到过去与承包方合作的建设单位进行了解。

对承包方而言，在获得发包方发出招标公告或通知的消息后，不应一味盲目地投标，应该首先做一系列调查研究工作，它包括项目的规模如何，是否适合自身的资质条件，发包方的资金实力如何等。这些问题可以审查有关文件，譬如发包方的法人营业执照、立项批复等。

② 对对方的分析，对对方谈判人员的分析，即了解对手的谈判组由哪些人员组成，了解他们的身份、地位、权限、性格、喜好等。以及注意与对方建立良好的关系，发展谈判双方的友谊，争取在到达谈判桌以前就有了亲切感和信任感，为谈判创造良好的氛围。对对方实力的分析，指的是对对方资信、技术、物力、财力等状况的分析。在当今信息时代，很容易通过各种渠道和信息传递手段取得有关资料。

实践中，对于承包方而言，一是注意审查发包方是否为工程项目的合法主体，二是注意调查发包方的资信情况，是否具备足够的履约能力。对于发包方而言，则须注意承包方是否有承包该工程项目的相应资质。

③ 对谈判目标的分析，包括分析自身设置的谈判目标是否正确合理、是否切合实际、是否能为对方接受，以及对方设置的谈判目标是否正确合理。如果自身设置的谈判目标有疏漏或错误，或盲目接受对方的不合理谈判目标，同样会造成项目实施过程中的无穷后患。在实际操作中，由于建筑市场目前是发包方市场，承包方中标心切，故往往接受发包方极不合理的要求，比如施工企业自垫资金、施工工期不合理等，造成其在今后发生回收资金、获取工程款、工期反索赔方面的困难。

④ 拟订谈判方案。在上述对己方与对方分析完毕的基础上，可总结出该项目的操作风险、双方的共同利益、双方的利益冲突，以及双方在哪些问题上已取得一致，哪些问题还存在着分歧甚至原则性的分歧等。从而拟订谈判的初步方案，决定谈判的重点，在运用谈判策略和技巧的基础上，获得谈判的胜利。

2) 工程合同谈判的策略和技巧

谈判是通过不断的会晤确定各方权利、义务的过程，它直接关系到谈判桌上各方最终利益的得失。因此，谈判绝不是一项简单的机械性工作，而是集合了策略与技巧的艺术。常见的谈判策略和技巧主要包括以下几方面。

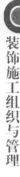

① 掌握谈判议程，合理分配各议题的时间。

② 高起点战略。

③ 注意谈判氛围，创造信任感。

④ 拖延和休会，私下接触，打破僵局。

⑤ 避实就虚，声东击西，先苦后甜策略。

⑥ 合理分配谈判角色。

⑦ 充分利用专家的作用。

在限定的谈判空间和时限中，合理、有效地利用以上各种谈判策略和技巧，将有助于获得谈判的优势。

3) 工程合同谈判的具体内容

合同谈判的内容包括以下几方面。

(1) 工作内容

主要是指承包商所承担的工作范围，包括施工、材料和设备的供应，工程量的确定，质量要求及其他的责任义务等。这些内容在合同签订时要做到范围清楚、职责分明，以防止出现报价漏项，导致在施工过程中出现矛盾。

(2) 工程价格

价格是装饰施工合同的主要内容之一，是双方讨论的关键，它包括单价、总价、工资、加班费和其他各项费用，付款方式和付款的附带条件等。

(3) 项目工期

工期是施工合同中的关键条件之一，是影响价格的一项重要因素，同时它是违约逾期罚款的唯一依据。工期确定是否合理，直接影响着承包商和业主的经济效益，是否早日投入使用，因此工期确定一定要讲究科学性、可操作性。

(4) 工程变更

工程变更是工程施工过程中经常发生的事情，但工程变更应有一个合适的限额，如果超过这个限额，承包商有权修改工程单价。对于单项工程的大幅度变更，应在工程正式施工前提出，并争取规定限期。超过限期大幅度增加的单项工程，由业主承担材料、工程价格上涨而引起的额外费用；大幅度减少单项工程，业主应当承担已订货而造成的损失。

(5) 工程验收

工程验收主要包括中间工程验收、隐蔽工程验收、竣工验收和对材料设备的验收。在审查验收条款时，应注意验收范围、验收时间和验收工程质量标准等问题是否在合同中明确表明。因为工程验收是承包工程实施过程中的一项非常重要的工作，它不仅直接影响工程进度和工程质量，而且还直接影响企业信誉和工程造价。

(6) 违约责任

为了确认在履行合同中的违约责任，做到职责明确、处罚得当，在审查违约责任条款时，应注意明确不履行合同的行为，如合同到期未能完工，或施工过程中施工质地不符合要求，或劳务合同中的人员素质不符合要求，或业主不能按期付款等。在对自己一方确定违约责任时，一定要同时规定对方的某些行为是自己一方履约的先决条件，否则不应构成违约责任。

对方的主要义务，应向对方规定违约责任。如承包商必须按合同规定按期、按质、按量完工，业主必须按规定按时付款等，都要详细规定各自的履约义务和违约责任。规定对方的违约责任就是保证自己享有的权利。

4) 谈判中的注意事项

在进行工程合同谈判中，为避免发生谈判的失误，应注意以下事项。

① 谈判应突出重点、抓住实质。

② 参加谈判的所有人员，在谈判中要注意口径一致。

③ 谈判要讲究策略，主要负责人不宜急于表态，应先让助手作为主谈，以便使主要负责人找出问题症结、留有余地、全面考虑、寻求对策，最终决策。

④ 在谈判过程中应当友好相处，对别人要有礼貌，态度要诚恳，当意见有较大差距时，不能产生急躁，不能感情冲动，最终以达到谈判目标为原则。

⑤ 谈判时必须有记录。

2. 建筑装饰工程的合同签订

合同签订是指承包方、发包方双方当事人在谈判中经过相互协商，最后就各方的权利、义务和责任达成一致意见的过程，签约是双方意志统一的表现。

1) 合同签订的基本原则

为了保护建筑装饰工程项目合同当事人的合法权益，维护社会正常的经济秩序，保证工程项目的顺利进行，合同双方当事人在签订合同和合同条款确认时，应遵循以下几个原则。

(1) 计划原则

工程项目合同当事人在订立和执行承包合同中，必须首先维护和服从国家计划，保证国家计划的实现。

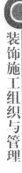

(2) 合法原则

在签订工程承包合同时，必须符合国家现行法律、法规和政策的要求，这也是签订承包合同的双方当事人所必须共同遵守的基本准则。

(3) 平等互利、协调一致的原则

这是签订工程承包合同的前提和基本原则。签订的合同中的所有条款，都要经过合同双方充分协调，达成一致意见，任何一方不得把自己的意志强加给对方，任何单位和个人不得非法干预。

(4) 等价有偿原则

等价有偿是指一方付出一定的劳动，另一方必须按价值相等的原则给予相应的报酬，不允许一方无偿占有和使用另一方财产，这是社会主义国家的性质所决定的，也是平等互利原则的重要体现。

(5) 签订书面合同原则

经济合同法规定，经济合同除即时能结清者外，其他均应当采用书面形式，不能采用口头协商。签订书面合同后，当发生纠纷时，有据可查，便于仲裁和处理。

2) 合同签订的基本条件

在签订建筑装饰工程施工合同时，应具备以下基本条件。

①　建筑装饰工程的设计图纸、工程概预算已通过审查，并经有关部门批准。

②　签订建筑装饰工程施工合同的当事人双方，均具有法人资格和有履行合同的能力。

③　施工现场条件已基本具备。如新建建筑的主体已完工，改造工程的土建部分已完成，结构构件强度已满足装饰施工的要求，装饰施工队伍可随时进入施工现场等。

3) 合同签订的注意事项

签订工程承包合同是一件履行法律、明确职责、确定任务的大事，不可有半点马虎。因此，在签订建筑装饰承包合同时应注意以下事项。

①　必须遵守国家的现行法规。

②　必须确认合同的真实性和合法性。

③　明确合同依据的规范标准。

④　合同条款必须确切具体。

4) 合同签订后的审查

为了进一步加强建筑装饰工程合同的宏观管理与监督，进一步培育、发展和规范我国的建筑装饰市场，许多地区的建设行政主管部门会同工商行政管理机构，成立了建筑装饰工程合同管理的专门机构，负责本地区建筑装饰工程合同的审查、签证及监督管理工作。对签订的建筑装饰工程合同都要进行审查，合同审查的范围主要包括以下几方面。

①　签订的合同是否有违反法律、法规和合同签订原则的条款。

②　签订合同的双方是否具备相应的资质和履行合同的能力。

③　签订的合同条款是否完备，内容是否准确，有无矛盾之处。

④　工程的工期、质量和合同价款等主要内容，是否符合《建设工程施工合同管理办法》中的有关规定。

6.4　建筑装饰工程合同的履行

【学习目标】

了解合同履行中承包商的准备工作；掌握施工合同履行中双方的职责。

合同履行的过程，即完成整个合同中双方规定任务的过程，也是一个工程项目从准备、施工、竣工、试运行直到维修期结束的全过程。合同履行必须遵循全面履行与实际履行的原则，认真执行合同中的每一条款。在工程项目的实施阶段，合同中的双方当事人以及监理工程师，要严格履行彼此之间的职责、权利和义务。

1. 合同执行中承包商的准备工作

当建筑装饰工程承包合同签订后，承包商应当根据工程的实际情况，竭尽全力做好开工前的准备工作，并尽可能争取早日开工，应当避免因开工准备不足而妨碍工程的进行。准备工作的内容主要包括以下几方面。

1)　人员与组织的准备

人员与组织的准备是合同履行准备工作中的核心内容，也是能否全面履行合同和实际履行合同的决定因素。其主要工作内容如下。

(1) 项目经理人员的确定

项目经理是项目施工的直接组织者与领导者，其能力与素质直接关系到项目管理的成败，因而要求项目经理必须具备有较强的组织管理能力和市场竞争意识，掌握扎实的专业知识与合同管理知识，具有丰富的现场施工经验和较强的协调能力，并且能吃苦耐劳，敢于拼搏。

(2) 项目经理部人员选择

项目经理部是项目管理的中枢，其人员组成的原则是：充分支持专业技术组合优势，力求精简、高效，由项目经理全权负责。

(3) 施工作业队伍的选择

选择信誉好，能确保工期质量，并能较好地降低工程成本的施工作业队伍与分包单位，与之签订协议，明确他们的责、权、利，进行必要的技术交底及相关业务技能培训。

2) 施工前的准备工作

在建筑装饰工程正式开工前，施工企业应当认真、全面地做好施工前的准备工作，这些准备工作主要包括以下几方面。

① 与建设单位(业主)协商，按照施工合同中所规定的开工日期，使施工作业队伍提前进入施工现场，以便开展工作。

② 与设计单位、建设单位取得联系，尽快领取经过会审的施工图纸及其他有关技术文件，进一步熟悉施工图，以便确定施工方法、施工顺序。

③ 根据建筑装饰工程的规模和特点，以及施工作业队伍的实际情况，修建施工现场的生活及生产营地。

④ 根据施工合同中的具体条款规定，组织有关人员编制施工进度计划、材料设备采购进场计划、施工人员调配计划、分期付款计划及工程分批交付使用计划等。

⑤ 如果工程规模较大、工期要求较紧、施工工艺复杂，需要有关施工企业承担施工任务的，由总承包商与分包单位签订好有关分包合同。

⑥ 如果在工程承包合同中有保险和保修规定条款者，应在正式开工前办理好有关保险和保修的签订手续。

⑦ 在工程施工过程中，必然需要大量的人力、物力和财力，所以施工企业筹措足够的流动资金是确保工程施工顺利进行的保证。

⑧ 工程施工合同中的所有条款，都是在施工中必须遵循的规定和行为的依据，违背合同中的条款规定，很可能违反合同而造成损失。因此，有关人员应当组织全部施工人员很好地学习合同文件，吃透合同中的条款精神，以便正确履行合同。

2. 施工合同履行中双方的职责

在建筑装饰工程施工合同中，明确合同当事人双方的权利、义务和职责，同时也对业主委托的监理工程师的权利、职责的范围做好明确、具体的规定。在一般情况下，监理工程师的权利、义务和职责，在业主与监理单位签订的监理委托合同中，也有明确与具体的规定。

在施工合同履行中各方的职责分别如下。

1) 业主的职责

在建筑装饰工程施工合同履行中，业主及其所指定的业主代表，负责协调监理工程师和承包商之间的关系，并根据工程施工中的实际情况，对重要问题作出决策。业主在合同实施中的具体职责如下。

① 指定业主代表，委托监理工程师，并以书面形式通知承包商，如果是国际贷款工程项目则还需要通知贷款方。

② 在建筑装饰工程正式开工前，办理工程开工所需要的各种报建手续。

③ 根据装饰工程的规模、特点、工期、质量要求等，负责批准承包商发包部分工程的申请。

④ 为保证工程的顺利和按期完成，负责及时提供装饰工程施工图纸，或批准承包商负责装饰工程施工图纸的设计。

⑤ 根据建筑装饰工程承包合同的条款规定，在承包商有关手续和开工准备工作齐备后，及时向承包商拨付预支工程款项。

⑥ 根据在工程施工中所出现的问题，按照实际和需要及时签发工程变更命令，并明确这些变更的单价与总价，以便工程竣工结算。

⑦ 对于在工程施工过程中所发生的疑问，及时答复承包商的信函，并进行技术存档，以便进行工程竣工验收所用。

⑧ 根据建筑装饰工程施工的进展情况，及时组织有关部门和人员进行局部验收及竣工验收。

⑨ 及时批准监理工程师上报的有关报告，主持解决工程合同变更和纠纷处理。

2) 监理工程师的职责

监理工程师是独立于业主与承包商之外的第三方，受业主的委托并根据业主的授权范围，代表业主对工程进行监督管理，主要负责工程的进度控制、质量控制和投资控制以及协助咨询工作。其具体职责如下。

① 协助业主评审投标文件，提出决策建议，并协助业主与中标者商签承包合同。

② 按照合同的要求，全面负责对工程的监督、管理和检查，协助现场各承包商的关系。

③ 审查承包商的施工组织设计、施工方案和施工进度计划并监督实施，督促承包商

按期或提前完成工程，进行进度控制。

④ 负责有关装饰图纸的解释、变更和说明，发出图纸变更命令，并解决现场施工所出现的设计问题。

⑤ 监督承包商认真执行合同中的技术规范、施工要求和图纸设计规定，以确保装饰质量能满足合同要求。及时检查装饰工程质量，特别是隐蔽工程，及时签发现场验收合格证书。

⑥ 严格检查材料、半成品、设备的质量和数量。

⑦ 进行投资控制。负责审核承包商提交的每月完成的工程量及相应的月结算财务报表，处理价格调整中的有关问题并签署合同支付款数额，及时报业主审核支付。

⑧ 做好施工日记和质量检查记录，以备检查时用。根据积累的工程资料，整理工程档案。

⑨ 在装饰工程快结束时，核实最终工程量，以便对工程的最终支付，参加工程验收或受业主委托负责组织竣工验收。

⑩ 协助调解业主和承包商之间的各种矛盾，当承包商或业主违约时，按合同条款的规定，处理各类问题。

⑪ 定期向业主提供工程情况汇报，并根据工地发生的实际情况及时向业主呈报工程变更报告，以便业主签发变更命令。

这里需要特别指出，监理工程师受业主委托，履行施工合同中规定的职责，行使合同中规定或隐含的权力，但监理工程师不是签订合同的一方，无权变更合同，也无权解除合同规定的承包商的义务，除非业主另有授权。

3) 承包商的职责和义务

(1) 承包商的职责

在合同履行中承包商的职责主要包括以下几项。

① 制订工程实施计划，呈报监理工程师批准。

② 按照合同要求采购工程所需的材料、设备，按照有关规定提供检测报告或合格证书，并接受监理工程师的检查。

③ 进行施工放样及测量，呈报监理工程师批准。

④ 制定各种有效的质量保证措施并认真执行，根据监理工程师的指示，改进质量保证措施或进行缺陷修补。

⑤ 制定安全施工、文明施工等措施并认真执行。

⑥　采取有效措施，确保工程进度。

⑦　按照合同规定完成有关的工程设计，并呈报监理工程师批准。

⑧　按照监理工程师指示，对施工的有关工序，填写详细的施工报表，并及时要求监理工程师审核确认。

⑨　做好施工机械的维护、保养和检修，以保证施工顺利进行。

⑩　及时进行场地清理、资料整理等工作，完成竣工验收。

(2)　承包商的义务

除了上述的基本要求外，承包商还必须履行如下强制性义务。

①　执行监理工程师的指令。

②　接受工程变更要求。

③　严格执行合同中有关期限的规定(主要指开竣工时间、合同工期等)。

④　承包商必须信守价格义务。

6.5　建筑装饰工程施工索赔

【学习目标】

了解索赔的基本概念，掌握发生施工索赔的原因以及索赔的依据和证据；能够编写索赔报告。

1. 索赔的基本概念

随着法律意识和合同意识的不断增强，索赔一词已越来越为人们所熟悉。索赔是指在合同实施过程中，合同当事人一方因为对方不履行或者未能正确履行合同义务，以及其他非自身责任的因素而遭受损失时，依据法律、合同规定及惯例，向对方提出要求赔偿的权利。

在工程建设中，索赔有广义和狭义之分。广义的索赔包括承包商向业主提出的索赔以及业主向承包商提出的索赔。狭义的索赔特指承包商向业主提出的索赔，而将业主向承包商提出的索赔称为反索赔。

索赔是一种正当的权利要求，也是承包商保护自己的一种有效手段，只要发生了超出原合同规定的意外事件而使承包商遭受损失，且该事件的发生也不能归责于承包商，则无论是时间上还是经济上，只要承包商认为不能从原合同的规定中获得该损失的补偿，他均可向业主主张自己的权利。

2. 发生施工索赔的因素

施工单位在履行承包合同的过程中，会经常发生一些额外的费用支出，如发包方修改设计、额外增加工程项目、要求加快施工进度、提高工程质量标准等，以及设计图纸和招标文件中出现与实际不符的错误等，这类支出不属于合同规定的承包人应承担的义务，即可根据合同中有关条款的规定，通过一定的程序，要求建设单位给予适当的补偿，称为施工索赔。

在工程建设的实施过程中，索赔是经常发生的。工程项目各方参加者属于不同的单位，它们的总目标虽然一致，但经济利益并不相同。施工合同是在工程实施前签订的，合同规定的工期和价格，是基于对环境状况和工程状况预测的基础上，同时又假设合同各方面都能正确地履行合同中所规定的责任。

工程实践证明，在工程实施过程中，常常会由于以下几个方面的原因产生索赔。

① 由于业主(包括业主的项目管理者)没能正确地履行合同义务，应当给予的补偿。

例如，未及时交付施工现场、提供施工图纸；未及时交付由业主负责的材料和设备；下达了错误的指令，或错误的图纸、招标文件；超出合同中的有关规定，不正确地干预承包商的施工过程等。

② 由于业主(包括业主的代理人)因行使合同规定的权利，而增加了承包商的费用和延长了施工工期，按合同规定应给予的补偿。例如，增加工程量，增加合同内的附加工程；或要求承包商完成合同中未注明的工作；要求承包商做合同中未规定的检查项目，而检查的结果表明承包商的工程(或材料)完全符合合同的要求等。

③ 由于某一承包商完不成合同中规定的责任，而造成的连锁反应损失，也应当给予补偿。例如，由于设计单位未及时交付施工图纸，造成了土建、安装、装饰工程的中断或推迟，土建、安装和装饰的承包商可以向业主提出赔偿。

④ 工程承包合同存在缺陷。合同缺陷常常表现为合同文件规定不严谨甚至矛盾，合同中的遗漏或错误，包括合同条款中的缺陷，技术规范中的缺陷以及设计图纸的缺陷等。在此情况下，工程师有权做出解答。但如果承包商按此解释执行而造成成本增加或者工期延误，则承包商可以据此提出索赔。

⑤ 监理工程师的指令原因。监理工程师指令通常表现为工程师为了保证合同目标顺利实施，或者为了降低因意外事件对工程所造成的影响，而指令承包商加速施工，进行某项工作，更换某些装饰材料，采取某种措施或者暂停施工等。

⑥ 工程承包合同发生变更。工程承包合同发生变更，常常表现为设计变更、施工方

法变更、增减工程量及合同规定的其他变更。对于因业主或者工程师方的原因产生变更而使承包商遭受损失，承包商可以提出索赔要求，以弥补自己所不应承担的损失。

⑦ 法律法规发生变更。法律法规变更通常是直接影响到工程造价的某些法律法规的变更，如税收变化、利率变化以及其他收费标准的提高等。如果因国家法律法规变化而导致承包商施工费用增加，则业主应向承包商补偿该增加的支出。

⑧ 第三方面的影响。通常表现为因与工程有关的其他第三方问题而引起的对本工程的不利影响。如银行付款延误，因运输原因而造成装饰材料未能按时抵达施工现场等。

⑨ 由于施工环境的巨大变化，也会发生施工索赔。例如：战争、动乱、市场物价上涨、法律政策变化、地震、洪涝灾害、反常的气候条件、异常的其他情况等，则按照合同规定应该延长工期，调整相应的合同价格。

索赔可能是由上述某一种原因引起的，也可能是综合影响因素造成的。在干扰事件出现后，工程师应当对承包商提出的索赔加以认真分析，分清各自应承担的责任，以保证索赔更加合理公正。

3. 索赔的依据和证据

索赔要有依据和证据，每一项施工索赔事项的提出都必须做到有理、有据、合法，也就是说索赔事项是工程承包合同中规定的，要求索赔是完全正当的。提出索赔事项必须依据国家及有关主管部门的法律、法规、条例及双方签订的工程承包合同，同时也必须有完备的资料作为凭据。

1) 施工索赔的依据

当承包商在施工过程中遇到上述原因所产生的干扰事件而遭受损失后，承包商就可以根据责任的原因，寻找索赔的依据，向业主提出索赔。索赔的依据是进行索赔的理由，工程施工索赔的依据，主要包括装饰工程施工承包合同中的有关条款以及《中华人民共和国建筑法》、《中华人民共和国合同法》、建筑装饰法规中的具体规定。承包商在索赔报告中必须明确指出索赔要求是按照合同的哪一条款提出的，或者是依据何种法律的哪一条规定提出的。

寻找索赔的理由，主要是通过合同分析和法律法规分析进行。

2) 施工索赔的证据

建筑装饰工程施工索赔的依据，一是合同，二是资料，三是法规。每一项施工索赔事项的提出，都必须做到有理、有据、合法。也就是说，索赔事项是工程承包合同中规定的，提出施工索赔是有理的；提出施工索赔事项，必须有完备的资料作为凭据(有据)，如果施工索赔发生争议，能依据法律、条例、规程规范、标准等进行处理。

上述的依据，合同是双方事先签订的，法规是国家主管部门统一制定的，只有资料是动态的。资料随着施工的进展不断积累和发生变化，因此，施工单位与建设单位在签订施工合同时，要注意为施工索赔创造条件，把有利于解决施工索赔的内容写进合同条款，并注意建立科学的管理体系，随时搜集、整理工程施工过程中的有关资料，确保资料的准确性和完备性，满足工程施工索赔管理的需要，为施工索赔提供翔实、正确的凭据，这是工程承包单位不可忽视的重要日常工作。施工索赔的依据，主要包括以下十个方面。

(1) 招标文件、工程施工合同签字文本及其附件

这些均是经过双方签证认可、最基本的书面资料，也是最容易执行的施工索赔的依据。当施工单位发现施工中实际与招标文件等资料不符时，可以以此向业主(或监理人员)提出，要求施工索赔。

(2) 经签证认可的工程图纸、技术规范和实施性计划

这些是施工索赔最直接的资料，也是施工索赔主要的依据。如实施性计划各种施工进度表，工程工期是否延误，可以从施工进度表中很容易地反映出来。施工单位对开工前和施工中编制的施工进度表都应妥善保存，就是监理工程师和施工分包企业所编制的施工进度表，也应设法收集齐全，作为施工索赔的依据。

(3) 合同双方的会议纪要和来往信件

建设单位与施工总承包单位，施工总承包单位与设计单位、分包单位之间，经常因工程的有关问题进行协调和确定，施工单位应派专人或直接参加者做会议记录，对一致意见和未确定事项认真记下来。以此，作为施工过程中执行的依据，也作为施工索赔的资料。

有关工程的来往信件，包括某一时期工程进展情况的总结及与工程有关的当事人和具体事项，这些信件中的有关内容和签发日期，对计算工程延误时间很有参考价值，所以必须全部妥善保存，直到合同履行完毕、所有施工索赔事项全部解决为止。

(4) 与建设单位代表的定期谈话资料

建设单位委托的监理工程师及工程师代表，对合同及工程的实际情况最为清楚，施工单位有关人员定期与他们交谈是大有好处的，交谈中可以摸清施工中可能发生的意外情况，以便做到事前心中有数。一旦发生进度延误，施工单位可以提出延误原因，并能以充分的理由说明延误原因是由建设单位造成的，为施工索赔提出依据。

(5) 施工备忘录

凡施工发生的影响工期或工程资金的所有重大事项，应当按年、月、日顺序编号，汇

入施工备忘录存档，以便查找。如工程施工中送停电和送停水记录、施工运输道路开通或封闭的记录、因自然气候影响施工正常进行的记录，以及其他的重大事项记录等。

(6) 工程照片或录像

保存完整的工程照片或工程录像，能有效真实地反映工程的实际情况，是最具有说服力的资料。因此，除工程标书或合同中规定需要定期拍摄的工程照片外，施工单位也应注意自己拍摄一些必要的工程照片或录像。特别是涉及变更、修改和隐蔽部分的工程，既可以作为施工索赔的资料，又可以作为证明施工质量合格的凭据，还可以作为工程阶段验收和竣工验收的依据。所有工程照片或录像，都应标明日期、地点和内容简介。

(7) 工程进度记录

工程进度记录是工程施工过程中活动的记载，能真实直接地反映各个时期的各项主要工作和发生的事项。主要包括各种进度表、施工日志和进度日记等。

① 各种施工进度表。开工前和施工过程中编制的所有工程进度表，都必须妥善保存，业主代表和分包商编制的进度表也要收集入档，这些施工进度表都是工程施工活动内容的有力证明。

② 施工日志。这是业主的驻工地代表和承包商都必须按日填写的工作记录。业主的责任是检查工程质量、工程进度，提供关于气候、施工人数、设备使用和部分工程局部竣工的情况。承包商也应对上述情况做详尽的业务记录，以便用它来调整、平衡或纠正业主作为正式文件所提出的各项资料和数据。

③ 进度日记。进度日记是项目经理应当保存的一份准确无误的记录资料，用简明扼要的文字记录每天工作进度情况，例行的公事和发生的异常情况。其中，还应包括有业主代表参加的所有工程会议，以及与分包商、材料供应商召开的会议。工程进展情况的记录应当翔实，以备检查和发出函件的依据。对于工地的气候条件、工作条件、设备性能和运转情况等也要简明记载。如有可能，应由项目工程师、质检代表等复核进度日记，以保证记录的质量和完整。

(8) 检查与验收报告

由监理工程师签字的工程检查和验收报告，反映出某单项工程在某特定阶段的施工进度和工程质量，并记载了该单项工程竣工和验收的具体时间、内容、人员。一旦出现工程索赔事项，可以有效地利用这些由监理工程师签字的资料。

(9) 工资单据和付款单据

工人或雇用人员的工资单据，是工程项目管理中一项非常重要的财务开支凭证，工资单上数据的增减，能反映工程内容的增减情况和起止时间。各种付款单据中购买材料设备的发票和其他数据证明，能提供工程进度和工程成本资料。当出现施工索赔事项时，施工单位向建设单位提出的索赔数额，以上资料对于合理索赔是重要依据。

(10) 其他有关资料

除以上所述的在施工过程中应收集的资料外，还有许多需要收集的其他有关资料。例如，监理工程师填制的施工汇总表、财务和成本表、各种原始凭据、施工人员计划表、施工材料和机械设备使用报表、实施过程的气象资料、工程所在地官方物价指数和工资指数、国家有关法律和政策文件等。

3) 施工索赔的程序

施工索赔的目的不外乎延长工期或赔偿损失。不论是出于哪一种目的，都应提出比较确切的数额。施工索赔数额的确定，应当遵循以下两个原则：一是要实事求是，发生什么索赔事项，就提出什么索赔，实际损失多少，就要求赔偿多少；二是要计算准确，这就需要熟练地运用计算方法和计价范围。

建筑装饰工程在施工过程中，如果发生了施工索赔事项，一般可按下列步骤进行索赔。

(1) 索赔意向通知

施工索赔事项发生后，应首先向建设单位代表(监理工程师)通话或直接面谈，即先打招呼，使建设单位先有思想准备。

(2) 提出索赔申请

索赔事件发生后的有效期内(一般为28天)，承包商要向监理工程师提出书面索赔申请，并抄送业主。其内容主要包括索赔事件发生的时间、实际情况及影响程度，同时提出索赔依据的合同条款等。

(3) 编写索赔报告

索赔事件发生后，承包商应立即搜集证据，寻找合同依据，进行责任分析，计算出索赔的数额，经审核无误后，即可编制索赔文件，由施工承包单位法人代表签字，送交建设单位代表(监理工程师)。

(4) 索赔事件处理

建设单位代表接到施工索赔文件后，根据提供的索赔事项和依据，进行认真审核，了解和分析合同实施情况，考察其索赔依据和证据是否完整可靠，索赔值计算是否准确。经审核无误并经签名后，即可签发付款证明，由业主支付赔偿款项，施工索赔即告结束。

在审核施工索赔文件中，如果建设单位代表对索赔文件内容有疑义，施工承包单位应作出口头或书面解释，必要时应补充凭证资料，直到建设单位代表承认索赔有理。如果建设单位代表拒不接受施工索赔，则应对施工单位说服交涉，直到达成协议，说服交涉后仍不能达到协议的，则可按合同规定提请仲裁机构调解仲裁或向人民法院提起诉讼。

4. 索赔报告的编写

索赔报告是承包商向业主提出索赔要求的书面文件，由承包商编写。工程施工索赔报告编写的质量，往往是索赔成败的关键。所以，对工程施工索赔报告应当按照其基本要求、编写格式和内容认真进行编写。

1)　索赔报告的基本要求

(1)　索赔事件应真实

这是索赔的基本要求，索赔的处理原则即是赔偿实际损失。所以，索赔事件是否真实，直接关系到承包商的信誉和索赔能否成功。如果承包商提出不真实、不合情理、缺乏根据的索赔要求，工程师应予拒绝或者要求承包商进行修改。同时，这可能会影响工程师对承包商的信任程度，造成在今后工作中即使承包商提出的索赔合情合理，也会因缺乏信任而导致索赔失败。所以，索赔报告中所指出的干扰事件，必须具备充分而有效的证据，予以证明。

(2)　责任划分应清楚

一般来说，索赔是针对对方责任所引起的干扰事件而作出的，所以索赔时，对干扰事件产生的原因以及承包商和业主应承担的责任应做客观分析，只有这样，索赔才算公正合理。

(3)　有合同文件支持

承包商应在索赔报告中直接引用相应的合同条款，同时，应强调干扰事件、对方责任、对工程的影响以及与索赔之间的直接的因果关系。

(4)　编写质量要高

索赔报告应简明扼要、责任清楚、条理清晰，各种结论、定义准确，有逻辑性，索赔证据和索赔值的计算应详细准确。

2)　索赔报告的格式和内容

工程施工索赔报告是进行工程索赔的关键性书面文件，既不需要过多的无用的叙述，又不能缺少必要的内容。根据众多工程施工索赔的实践经验，在一般情况下主要包括致业主的信件、索赔报告正文和索赔事件附件三个部分。

(1) 致业主的信件

在信中简要介绍索赔要求、干扰事件的经过以及索赔的理由等。

(2) 索赔报告正文

索赔报告的内容一般按照常规进行编写,承包商可以设计统一格式的索赔报告,使得索赔处理比较正规、方便。对于工程单项索赔,通常要写入的内容包括索赔事件题目、事件陈述、合同依据、事件影响、结论、成本增加、工期拖延、各种证据材料等。对于综合索赔,索赔报告编写比较灵活,其内容主要包括以下几个方面。

① 索赔事件题目。索赔事件题目,实际上就是对索赔事件的高度概况,即简要说明针对什么提出索赔,题目要简单、明确、概括。

② 索赔事件简介。索赔事件简介,主要叙述干扰事件的起因、事件经过、事件过程中双方的活动及行为,应特别注意强调对方不符合约定的行为,或没有履行合同义务的情况。这里要清楚地写明事件发生的时间、地点、在场人员和事件结果等。

③ 申请索赔理由。申请索赔的理由,就是总结上述事件,同时引用合同条款或合同变更及补充协议条款,以证明对方的行为违反合同,或者指出对方的要求超出合同规定,造成干扰事件的发生,有责任对由此造成的损失进行补偿。

申请索赔的理由,这是索赔报告中的核心内容,是能否索赔的关键。因此,索赔的理由要真实、充分、有理、有据,有足够的道理使对方信服、承认,达到合理补偿的目的。

④ 索赔事件影响。简要说明干扰事件对承包商在施工过程中的不利影响,重点围绕由于出现上述干扰事件而造成的成本增加及工期延误。需要特别强调的是,成本增加及工期延误必须与上述干扰事件之间有直接的因果关系。

⑤ 索赔事件结论。由于上述干扰事件对工程产生的不良影响,从而造成承包商的工期延长和费用增加。通过详细的索赔计算,列出工期延长的时间和费用增加的数额,以及给其他方面带来的影响,提出具体索赔的要求。

3) 索赔事件附件

索赔事件的附件,也是索赔报告的重要组成部分,有时索赔是否成功,关键在于索赔附件。所谓索赔事件附件,即索赔报告中所列举事实、理由、经过、影响的证明文件,计算索赔的依据、方法的证明文件。

思 考 题

1. 简述合同、合同法、建筑装饰工程合同的概念。

2. 装饰工程合同按其计价方式不同可分哪几种？

3. 简述在合同管理中承包商如何进行合同管理。

4. 试述装饰工程承包合同协议书的主要内容。

5. 装饰工程合同谈判前，应做好哪些准备工作？

6. 装饰工程施工合同谈判的内容主要包括哪些方面？

7. 装饰工程合同签订的基本原则是什么？合同签订时应注意哪些事项？

8. 装饰工程施工合同履行的原则是什么？

9. 简述在合同履行中业主与承包商的职责。

10. 什么是工程索赔？发生工程索赔的主要因素有哪些？

11. 工程索赔的依据和证据各是什么？

12. 简述工程索赔报告的基本要求和基本内容。

第 7 章　建筑装饰工程的技术管理

内容提要

本章主要介绍建筑装饰工程施工技术管理的基本概念、任务与要求、内容与分工、主要技术管理制度等，重点介绍在建筑装饰工程施工过程中的主要技术管理工作。

技能目标

- 了解建筑装饰工程技术管理的定义、任务与要求；掌握建筑装饰工程技术管理的内容。
- 掌握技术标准、规程、原始记录等技术文件的管理工作。
- 了解工程技术管理的基本知识，掌握在施工过程中应当做好的技术管理工作。

项目案例导入

技术管理是建筑装饰企业管理的重要组成部分，施工企业生产经营活动的各个方面都涉及许多技术问题。技术管理工作所强调的是对技术工作的管理，即如何运用管理的职能去促进技术的发展，而并非是指技术的本身。施工企业的各项技术活动归根结底要落实到工程的各施工环节和各项工程，保证施工作业的顺利进行，使建筑工程达到工期短、质量好、成本低的标准，为人民日益增长的物质文化生活需要，提供优良的建筑产品。

现代企业管理的经验证明，企业本身综合实力的增长，不只是依靠财力和物力，而是依靠智慧与技术。因此，技术管理在建筑装饰企业经营管理中，具有十分重要的地位。

7.1　技术管理的概念

【学习目标】

了解建筑装饰工程技术管理的定义、任务与要求；掌握建筑装饰工程技术管理的内容。

1. 技术管理的定义

施工企业的技术管理，是指建筑装饰企业在生产经营活动中，对各项技术活动过程和技术工作的各技术要素进行科学管理的总称。所谓技术活动过程，是指技术学习、技术运用、技术改造、技术开发、技术评价和科学研究的过程，主要包括图纸会审、编制施工组织设计、技术交底工作、技术检验等施工技术准备工作；质量技术检查、技术核定、技术措施、技术处理、技术标准和规程的实施等施工过程中的技术工作；还有科学研究、技术革新、技术培训、新技术试验等技术开发工作。以上构成了技术管理的基本工作。

所谓技术要素，是指技术工作赖以进行的技术人才、技术装备、技术情报、技术文件、技术资料、技术档案、技术标准规程、技术责任制等，这些都属于技术管理的基础性工作。

建筑装饰企业的生产经营活动是在一定的技术要求、技术标准和技术方法的组织和控制下进行的，技术是实现工期、质量、成本、安全等方面的综合保证。现代技术装备和技术方法的生产力，依赖于现代科学管理去挖掘，两者相辅相成。在一定技术条件下，管理是决定性的因素。

2. 技术管理的任务和要求

1) 技术管理的任务

施工企业的技术管理，就是对施工企业中各项技术活动过程和技术工作的各种要素进行科学管理的总称。

技术管理的基本任务是：正确贯彻执行国家的技术政策和上级有关技术工作的指示与决定，科学地组织各项技术工作，建立良好的技术秩序，充分发挥技术人员和技术装备的作用，不断改进原有技术和采用先进技术，提高施工速度，保证工程质量，降低工程成本，推动企业的技术进步，提高经济效益。

2) 技术管理的内容

施工企业的技术管理，可分为基础工作和业务工作两大部分。

(1) 基础工作

为了有效地进行技术管理，必须做好技术管理的基础工作。基础工作包括技术责任制、技术标准与规程、技术原始记录、技术档案、技术情报工作等。

(2) 业务工作

技术管理的业务工作，是技术管理中日常开展的各项业务活动。业务工作包括施工技术准备工作(如图纸会审、编制施工组织设计、技术交底、技术检验等)、施工过程中的技术工作(如质量技术检查、技术核定、技术措施、技术处理等)和技术开发工作(如科学研究、技术革新、技术改造、技术培训、新技术试验等)。

3) 技术管理的要求

技术管理是一项严肃的工作，必须按科学技术规律办事，在进行技术管理中，要遵循以下三个原则。

(1) 贯彻国家技术政策

国家的技术政策是根据国民经济和生产发展的要求和水平提出来的，如现行施工与验收规范或规程，是带有强制性、根本性和方向性的决定，在技术管理中必须正确地贯彻执行。

(2) 按照科学规律办事

技术管理工作一定要实事求是，采取科学的工作态度和工作方法，按科学规律组织和进行技术管理工作。对于新技术的开发和研究，应积极支持，但是，新技术的推广使用，应经试验和技术鉴定，在取得可靠数据并确实证明是技术可行、经济合理后，方可逐步推广使用。

(3) 讲求工程经济效益

在技术管理中，应对每一种新的技术成果认真做好技术经济分析，考虑各种技术经济指标和生产技术条件，以及今后的发展等因素，全面评价它的经济效益。

3. 技术管理的内容

建筑装饰企业技术管理的内容，可以分基础工作和业务工作两大部分。

1) 基础工作

基础工作，是指为开展技术管理活动创造前提条件的最基本的工作。它包括技术责任制、技术标准与规程、技术原始记录、技术文件管理、科学研究与信息交流等工作。

2) 业务工作

业务工作，是指技术管理中日常开展的各项业务活动。它主要包括施工技术准备工作、施工过程中的技术管理工作和技术开发工作等。

(1) 施工技术准备工作

施工技术准备工作，主要包括施工图纸会审、编制施工组织设计、技术交底工作、材料技术检验、安全技术工作等。

(2) 施工过程中的技术管理工作

施工过程中的技术管理工作，是一项非常重要并贯彻始终的工作，关系到工程质量的高低。它主要包括技术复核、质量监督、技术处理等。

(3) 技术开发工作

技术开发工作是提高施工企业技术水平和技术素质的重要措施。主要包括科学研究、技术革新、技术引进、技术改造、技术培训等。

7.2　技术管理的基础工作

【学习目标】

了解装饰工程技术责任制度；掌握技术标准、规程、原始记录等技术文件的管理工作。

基础工作和业务工作是相互依赖并存的，缺一不可。基础工作为业务工作提供必要的条件，任何一项技术业务工作都必须依靠基础工作才能进行。但企业搞好技术管理的基础工作不是最终目的，技术管理的基本任务必须由各项具体的业务工作来完成。

技术管理的基础工作，是搞好技术管理的关键。主要的基础工作有：建立和健全技术管理机构和相应的技术责任制、贯彻技术标准和技术规程、建立和健全技术原始记录、建立工程技术档案和加强技术情报管理等。

1．技术责任制

1）技术管理机构

在我国施工企业分三级管理的情况下，应建立以总工程师为首的企业技术管理机构。总工程师、主任工程师、技术队长(技术管理机构)分别在公司经理、工程处主任和施工队长的直接领导下进行技术管理工作。各级都设立技术管理的职能机构，配备技术人员，形成技术管理系统，全面负责企业的技术工作。

2）技术责任制

责任制，是适应现代化生产需要所建立起来的一种严格的科学管理制度。施工企业的技术责任制，就是对企业的技术工作系统和各级技术人员规定明确的职责范围，从而充分调动各级技术人员的积极性，使他们有职、有权、有责。技术责任制是企业技术管理的核心。

根据我国施工企业的具体情况，一般实行三级或四级技术责任制，即总工程师、主任工程师、技术队长及单位工作(栋或层)技术负责人责任制，实行技术工作的统一领导和分级管理。各级技术负责人应是同级行政领导的成员，对施工技术管理部门负有业务领导责任，对其职责内的技术问题(如施工方案、技术措施、质量事故处理等)和重大技术问题有最后的决定权。

(1) 总工程师(总公司)的职责

① 组织贯彻执行国家有关技术政策和上级颁发的技术标准、规范、规程，各项技术

管理制度。

② 领导编制和实施各项科学技术发展规划、技术措施计划。

③ 领导编制施工组织大纲，重大工程的施工组织设计。

④ 审批分公司上报的技术文件、报告。

⑤ 主持重要的技术会议，处理重大的施工技术、重大的质量事故和安全技术问题。

⑥ 领导科技情报工作，组织审批技术革新、技术改造的建议。

⑦ 鉴定和审定重要的科学技术成果和技术核定工作。

⑧ 参加大型建设项目和特殊工程设计方案的选定和会审。

⑨ 参与引进项目的考察和谈判。

⑩ 组织领导技术培训工作，并对技术人员的工作安排、晋级、奖惩等有关方面参与意见。

(2) 主任工程师(分公司)的职责

① 主持编制中小型工程的施工组织设计，审批单位工程的施工方案。

② 主持图纸会审和重点工程的技术交底。

③ 组织技术人员学习与贯彻执行各项技术政策、技术规程、规范、标准和各项技术管理制度。

④ 组织制定保证工程质量、安全生产的技术措施。

⑤ 主持主要工程的质量检查，处理有关施工技术与质量问题。

⑥ 深入现场，指导施工，督促技术负责人遵守规范、规程和按图施工，发现施工中存在的问题，及时进行解决。

⑦ 主持技术会议，组织技术人员努力学习技术业务，不断提高施工技术水平等。

(3) 技术队长(项目部)的职责

① 编制单位工程的施工方案，制定各项工程施工技术措施，并组织实施。

② 参与单位工程的设计交底、图纸会审，向单位工程技术负责人及有关人员进行技术交底。

③ 负责指导按设计图纸、规范、规程、施工组织设计与施工技术措施进行施工。

④ 发现重大问题及时上报技术领导，以求及时处理和解决。

⑤ 负责组织复查单位工程的测量定位、抄平、放线工作。

⑥ 指导施工队、班组的质量检查工作。

⑦ 参加隐蔽工程验收，处理质量事故并向上级报告。

⑧　负责组织工程档案中各项技术资料的签证、收集、整理并汇总上报等。

(4)　工程技术负责人的职责

工程技术负责人是第一线负责技术工作的人员，要对单位工程的施工组织、施工技术、技术管理、工程核算等各方面全面负责，它是贯彻各级技术责任制与技术管理制度的关键，是使技术工作层层负责、技术管理进一步落实的可靠保证。实践证明，单位工程的技术管理工作是全面反映技术状态的具体表现，是搞好技术管理的牢固基础。工程技术负责人的主要职责如下。

①　搞好施工工程的经济管理工作，参与开工前施工预算的编制审定工作与竣工后的工程结算工作。

②　搞好技术交底工作，要组织有关人员审查、学习、熟悉图纸及设计文件，并对施工现场有关人员进行技术交底。

③　搞好技术措施，负责编制施工组织设计，制定各种作业的技术措施。

④　搞好技术鉴定，负责技术复核。

⑤　搞好技术标准工作，负责贯彻执行各项技术标准、设计文件以及各种技术规定，严格执行操作规程、验收规范及质量检定标准。

⑥　搞好各项材料试验工作。

⑦　搞好施工管理，负责施工日记及施工记录工作。

⑧　搞好技术革新，不断改进施工规程和操作方法。

⑨　搞好资料整理，负责整理技术档案的全部原始资料。

⑩　搞好技术培训，负责对工人技术教育等。

为了使各级技术负责人员能够履行自己的职责，企业应根据实际需要与可能，为他们配备必要的专职技术人员作为助手，并建立健全必要的专职技术机构，在技术负责人的领导下，开展本部门的技术业务工作，为施工创造必要的技术条件，保证施工的顺利进行，并取得良好的经济技术效果。

2. 技术标准与规程

技术标准和技术规程是企业进行技术管理、安全管理和质量管理的依据和基础，是标准化的重要内容。正确地制定和贯彻执行技术标准和技术规程，是建立正常的生产技术秩序、完成建设任务所必需的重要前提。它反映了国家、地区或企业在一定时期内的生产技术水平，在技术管理中具有法律作用。任何工程项目，都必须按照技术标准和技术规程进行施工、检验。执行技术标准和技术规程，一定要严肃、认真。

1) 技术标准

建筑装饰工程的技术标准，是对建筑装饰工程的质量规格及检验方法等所做的技术规定，可据此进行施工组织、施工检验和评定工程质量等级。技术标准是由国家委托有关部委制定颁发，属于法令性文件。

(1) 建筑装饰工程施工及验收规范

在建筑装饰工程施工及验收规范中，规定了分部、分项工程的技术要求、质量标准和检验方法。

(2) 建筑装饰工程质量检验及评定标准

建筑装饰工程质量检验及评定标准是根据按施工及验收规范进行检验所得的结果，评定分部工程、分项工程及单位工程的等级标准。质量检验及评定标准的内容分三部分：质量要求、检验方法和质量等级评定。

(3) 建筑装饰材料、半成品的技术标准及相应的检验标准

在建筑装饰材料、半成品的技术标准及相应的检验标准中，它规定了各种常用的材料、半成品的规格、性能、标准及检验方法等。

2) 技术规程

建筑装饰工程的技术规程，是施工及验收规范的具体化，对建筑装饰工程的施工过程、操作方法、设备和工具的使用、施工安全技术要求等做出具体技术规定，用以指导建筑装饰工人进行技术操作。

在贯彻施工及验收规范时，由于各地区的操作习惯不完全一致，有必要制定符合本地区实际情况的具体规定。技术规程就是各地区(各企业)为了更好地贯彻执行国家的技术标准，根据施工及验收规范的要求，结合本地区(本企业)的实际情况，在保证达到技术标准的前提下，所作的具体技术规定。技术规程属于地方性技术法规，施工中必须严格遵守，但它比技术标准的适用范围要窄一些。

常用的技术规程主要有施工工艺规程(规定了施工的工艺要求、施工顺序、质量要求等)、施工操作规程(规定了各主要工种在施工中的操作方法、技术要求、质量标准、安全技术等，这是工人在生产中必须严格执行的规程，以保证工程质量和生产安全)、设备维护和检修规程(它是按设备磨损规律，对设备的日常维护和检修作出的规定，以便设备的零部件完整齐全、清洁、润滑、安全操作等)和安全操作规程(为保证在施工过程中人身安全和设备运行安全所做出的规定)四类。

技术标准和技术规程是由国家有关部门科学测定，并经一定的法律程序颁布的，一经

颁发必须严格执行。但是，技术标准和技术规程并不是一成不变的，随着技术和经济的发展，应适时对其进行修订。

3. 技术原始记录

技术原始记录是建筑装饰企业经营管理原始记录的重要组成部分。它客观反映了建筑装饰企业技术工作的原始状态，为开展技术管理提供可靠的依据，是进行技术分析和决策的基础。

技术原始记录主要包括材料、构配件、建筑装饰工程质量检验记录，质量、安全事故分析和处理记录，设计变更记录和施工日志等。

另外，技术原始记录是评定产品质量、技术活动质量及产品交付使用后，制定维修、加固或改建方案的重要技术依据。

4. 技术文件管理

工程技术档案，是国家整个技术档案的一个重要组成部分。它是记述和反映本单位施工、技术、科研等活动，具有较高的保存价值，并且要按一定的归档制度，作为真实的历史记录集中保管起来的技术文件材料。

施工企业工程技术档案的内容，主要包括为工程交工验收准备的技术资料和施工单位建立的施工技术档案。

1) 为工程交工验收准备的技术资料

这部分工程技术资料随同工程交工，提交建设单位进行保存。主要包括以下资料。

① 竣工图和竣工工程项目一览表(竣工工程的名称、位置、结构、层数、面积、开竣工日期，以及工程质量评定等级等)。

② 图纸会审记录、设计变更和技术核定单。

③ 材料、构配件和设备的质量合格证明。

④ 隐蔽工程的验收记录。

⑤ 工程质量检查评定和质量事故处理记录。

⑥ 设备和管线调试，试压、试运转等记录。

⑦ 永久性水准点的坐标位置，建筑物、构筑物在施工过程中的测量定位记录，沉陷观测及变形观测记录。

⑧ 主体结构和重要部位的试件、试块、焊接、材料试验、检查记录。

⑨ 施工单位和设计单位提出的建筑物、构筑物、设备使用注意事项方面的文件。

⑩ 其他有关该项工程的技术决定。

2） 施工单位建立的施工技术档案

施工单位建立的施工技术档案，是施工企业自己保存的技术资料，是供今后施工参考的技术文件，主要是施工过程中积累的具有参考价值的经验。主要包括以下几方面。

① 施工组织设计及经验总结。

② 技术革新建议的试验、采用、改进的记录。

③ 重大质量事故、安全事故情况分析及补救措施和办法。

④ 有关技术管理的经验总结及重要技术决定。

⑤ 施工日志。

工程技术档案的建立、汇集和整理工作应当从施工准备开始，直至交工为止，贯穿于施工全过程之中。凡列入技术档案的技术文件及资料，必须如实地反映情况，不得擅自修改、伪造及事后补做。技术文件和资料要经各级技术负责人正式审定后才有效。工程技术档案必须严加管理，不得遗失、损坏，人员调动时要办理交接手续。

5. 加强技术情报管理

技术情报，是指国内外建筑装饰生产技术发展动态和信息。主要包括有关科技图书、刊物、报告、专门文献、学术论文、实物样品等。

技术情报要有计划、有目的、有组织地收集、加工、存储、检索和管理，技术情报要走在科研和施工的前面，有目的的跟踪，及时交流和普及，技术情报要做到准确、可靠、及时。

7.3 技术管理措施

【学习目标】

了解装饰施工现场技术管理制度；掌握装饰工程图纸会审制度和技术交底制度。

1. 技术管理制度

技术管理制度是技术管理工作经验、教训的总结，严格地贯彻各项技术管理制度是搞好技术管理工作的核心，是科学地组织企业各项技术工作的保证。技术管理制度要贯彻在单位工程施工的全过程，主要有以下几项工作。

1) 图纸的熟悉、审查和管理制度

熟悉图纸是为了了解和掌握图纸中的内容和要求，以便正确地指导施工。审查图纸的目的，在于发现并更正图纸中存在的差错，对不明确的设计内容进行协商更正。管理图纸则是为了施工时更好地应用及竣工后妥善归档备查。

2) 技术交底制度

技术交底是在工程正式施工以前，对参与施工的有关人员讲解工程对象的设计情况、建筑和结构的特点、技术要求、施工工艺等，以便有关人员(管理人员、技术人员和施工工人)详细地了解工程，做到心中有数，掌握工程的重点和关键，防止发生指导错误和操作错误。

3) 施工组织设计制度

每项工程开工前，施工单位必须编制拟建工程施工组织设计，没有施工组织设计的工程不允许施工，工程施工必须按照批准的施工组织设计进行。在施工过程中对施工组织设计需要进行重大修改的，必须报经原批准部门同意。

4) 材料检验与施工试验制度

材料检验与施工试验是确保工程质量的关键，是对施工用原材料、构件、成品与半成品以及设备的质量、性能进行试验、检验，对有关设备进行调整和试运转，以便正确、合理地使用，保证工程质量。

5) 工程质量检查和验收制度

工程质量检查和验收制度规定，必须按照有关质量标准逐项检查操作质量和产品质量，根据建筑安装工程的特点分别对隐蔽工程、分项分部工程和竣工工程进行验收，从而逐环节保证工程质量。

6) 工程技术档案制度

工程技术档案，是指反映建筑装饰工程的施工过程、技术状况、质量状况、发生事故等有关的技术性文件，这些资料都需要详细记录、收集和保管，以备工程交工、维护管理、改建扩建使用，并对历史资料进行保存和积累。

7) 技术责任制度

技术责任制度规定了各级技术领导、技术管理机构、技术干部及工人的技术分工和配合要求。建立这项制度有利于加强技术领导，明确职责，从而保证配合密切、功过分明，充分调动有关人员搞好技术管理工作的积极性。

8) 技术复核及审批制度

技术复核及审批制度规定，对重要的或影响全工程的技术对象进行复核，避免发生重大差错影响工程质量和使用。复核的内容应根据工程的情况而定，一般包括建筑物位置、标高和轴线、基础、设备基础、模板、钢筋混凝土、砖砌体、大样图、主要管道、电气等。审批内容一般包括合理化建议、技术措施、技术革新方案等。

2. 图纸会审制度

技术管理的主要业务工作包括图纸会审、技术交底、技术复核、材料及构配件检验、工程质量检查和验收等。

图纸会审是指工程开工之前，由建设单位出面组织，由设计单位交底和施工单位参加对施工图纸进行审查。其目的是为了领会设计意图，熟悉图纸内容，明确技术要求，及早发现并消除图纸中的错误，以便正确无误地进行施工。

1) 图纸审查的步骤

图纸审查主要包括学习图纸、初审图纸、图纸会审和综合会审四个阶段。

(1) 学习图纸

施工队及各专业班组的各级技术人员，在施工前应认真学习、熟悉有关图纸，了解本工种、本专业设计要求达到的技术标准，明确工艺流程、质量要求等。

(2) 初审图纸

初审图纸，是指各专业工种对图纸的初步审查，即在认真学习、熟悉图纸的基础上，详细核对本专业工程图纸的详细情节，如节点构造、尺寸等。初审图纸一般由工程项目部进行组织。

(3) 图纸会审

图纸会审，是指各专业工种间的施工图审查，即在初审图纸的基础上，各专业间核对图纸，消除差错，协商配合施工事宜，如装饰与土建之间、装饰与室内给排水之间、装饰与建筑强电、弱电之间的配合审查。

(4) 综合会审

综合会审，是指总承包商与各分包商或协作单位之间的施工图审查，即在图纸会审的基础上，核对各专业之间配合事宜，寻求最佳的合作方法。综合会审一般由承包商进行组织。

2) 学习、审查图纸的重点

施工企业在审查图纸之前，应首先对图纸进行学习和熟悉，并将学习熟悉图纸和审查图纸有机地结合起来。学习、审查图纸的重点有以下几个方面。

①　设计施工图必须是有相应设计资质的设计单位正式签署的图纸，不是正式设计单位、设计资质不相符的单位和设计单位没有正式签署的图纸，一律不得施工。

②　设计计算的假定条件和采用的处理方法是否符合实际情况，施工时有无足够的稳定性，对安全施工有无影响。

③　核对各专业图纸是否完整齐备，各专业图纸本身和相互之间有无错误和矛盾。如各部位尺寸、平面位置、标高、预留孔洞、预埋件、节点大样和构造说明有无错误和矛盾。如果存在错误和矛盾，应在施工前通知设计单位协调解决。

④　设计要求的新技术、新工艺、新材料和特殊技术要求是否能做到，实施中的难度有多大，施工前应做到心中有数。

3. 技术交底制度

技术交底是施工企业技术管理的一项重要制度。它是指工程正式开工之前，由上级技术负责人就施工中有关技术问题向执行者进行交代的工作。其目的是使参加施工的人员对工程及其技术要求做到心中有数，以便科学地组织施工和按合理的工序、工艺进行作业。要做好技术交底工作，必须明确技术交底的具体内容，并搞好技术交底的分工。

1)　技术交底的内容

技术交底的内容，主要包括施工图纸交底、施工组织设计交底、设计变更和洽商交底和分项工程技术交底等。

(1)　施工图纸交底

施工图纸交底是保证工程施工顺利进行的关键，其目的在于使技术人员和施工人员了解工程的设计特点、构造、做法、要求、使用功能等，以便掌握和了解设计意图和设计重点，以便按图施工。

(2)　施工组织设计交底

施工组织设计交底，是将施工组织设计的全部内容向施工人员交代，以便掌握了解工程特点、施工部署、任务划分、施工方法、施工进度、各项管理措施、质量要求、平面布置等，用先进的技术手段和科学的组织手段完成施工任务。

(3)　设计变更和洽商交底

将设计变更的结果向施工人员和管理人员做统一的说明，便于统一口径，避免出现差错，同时也应当算清经济账。

(4) 分项工程技术交底

分项工程技术交底是各级技术交底的关键,是直接对操作人员的具体交底。主要包括施工工艺、技术安全措施、规范要求、质量标准,新结构、新工艺、新材料工程的特殊要求等。分项工程技术交底的具体内容包括以下几个方面。

① 图纸要求。图纸要求主要包括设计施工图(包括设计变更)中的平面位置、标高以及预留孔洞、预埋件的位置、规格大小、数量等。

② 材料要求。材料的要求主要包括所用材料的品种、规格、质量要求等。

③ 施工方法。施工方法主要包括各工序的施工顺序和工序搭接等要求,同时应说明各施工工序的施工操作方法、注意事项、保证质量措施、安全施工措施和节约材料措施。

④ 各项制度。各项制度主要包括应向施工班组交代清楚施工过程中应贯彻执行的各项制度。如自检、互检、交接检查制度(要求上道工序检查合格后方可进行下道工序的施工)和样板制、分部分项工程质量评定及现场其他各项管理制度的具体要求。

2) 技术交底的方法

技术交底应根据装饰工程的规模和技术复杂程度不同,而采用不同的技术交底方法。

① 对于重点工程或规模较大、技术复杂的工程,应由公司总工程师组织有关部门(如技术处、质检处、生产处等),向分公司和有关施工单位交底,交底的依据是公司编制的施工组织设计。

② 对于中小型装饰工程,一般由分公司的主任工程师或项目部的技术负责人,向有关职能人员或施工队(或工长)交底,当工长接受交底后,应对关键性项目、部位、新技术推广项目,反复、细致地向操作班组进行交底。必要时,也要示范操作或做样板。

③ 班组长在接受交底后,应组织工人进行认真讨论,保证明确设计和施工的意图,按技术交底的要求进行施工。

技术交底分为口头交底、书面交底和样板交底等多种形式。如无特殊情况,各级技术交底工作最好以书面交底为主,口头交底为辅。书面交底应由交接双方签订,作为技术档案归档。对于重点工程或规模较大、技术复杂的工程项目,应以样板交底、书面交底和口头交底相结合。样板交底包括施工分层做法、工序搭接、质量要求、成品保护等内容,待技术交底双方均认可样板操作并签字后,按样板做法施工。

3) 技术交底的要求

技术交底是一项技术性很强的工作,对于保证装饰工程质量至关重要,不但要领会设计意图,而且还要贯彻上一级技术领导的要求。技术交底必须满足施工规范、规程、工艺标准、质量检验评定标准和业主的合理要求。所有技术交底的资料，都是施工中的技术资料，要列入工程技术档案。技术交底最终还是以书面形式进行，经过检查与审核，有签发人、审核人、接受人的签字。在整个装饰工程施工中，各分部分项工程均必须进行技术交底，对于特殊和隐蔽工程，更应当进行认真的技术交底。在技术交底时，应着重强调易发生质量问题与工伤事故的工程部位，防止各类事故的发生。

思 考 题

1. 什么是技术管理？

2. 技术管理的任务是什么？其有哪些技术要求？

3. 技术管理主要包括哪些内容？

4. 技术管理的基础工作包括哪些方面？各级主要技术负责人的职责各是什么？

5. 在技术管理中主要应当建立哪些制度？

6. 如何进行技术交底工作？分项工程的技术交底主要包括哪些方面？

第8章　建筑装饰工程质量管理

内容提要

本章主要介绍建筑装饰工程全面质量管理、质量认证体系、装饰工程质量管理等方面的基本概念，并讲述了工程质量评定与验收的方法和内容。

技能目标

- 了解装饰工程质量及其工程质量管理的重要性，为现场组织施工奠定基础。
- 科学地掌握施工现场工程质量的管理方法。
- 重点掌握工程质量全面管理的方法，学会在实际工程中运用质量管理的具体检验和评定方法。

项目案例导入

建筑装饰工程质量管理是施工企业管理水平与技术水平高低的综合反映，是施工企业从开始施工准备工作到工程竣工验收交付使用的全过程中，为保证和提高工程质量所进行的各项组织管理工作。其目的在于以最低的工程成本和最快的施工速度，生产出用户满意的建筑装饰产品。

8.1　建筑装饰工程质量管理概述

【学习目标】

了解质量管理的概念；掌握工程质量的内容与工程质量管理的重要性。

1. 质量管理的基本概念

质量管理是指确定质量方针、目标和职责并在质量体系中通过诸如质量策划、质量控制、质量保证和质量改进使其实施的全部管理职能的所有活动。

由定义可知，质量管理是一个组织全部管理职能的一个组成部分，其职能是质量方针、质量目标和质量职责的制定与实施。质量管理是有计划、有系统的活动，为实现质量管理需要建立质量体系，而质量体系又要通过质量策划、质量控制、质量保证和质量改进等活动发挥其职能，可以说这四项活动是质量管理工作的四大支柱。

质量管理的目标是总目标的重要内容，质量目标和责任应按级分解落实，各级管理者对目标的实现负有责任。虽然质量管理是各级管理者的职责，但必须由最高管理者领导，质量管理需要全员参与并承担相应的义务和责任。

2. 工程质量的内容

建筑装饰工程质量管理的基本概念，应该从广义上来理解，即要从全面质量管理的观点来分析。因此，建筑装饰工程的质量，不仅包括工程质量，而且还应包括工作质量和人的素质。

1) 工程质量

工程质量是指工程适合一定用途，满足使用者要求所具备的自然属性，亦称为质量特征或使用性。建筑装饰工程质量主要包括工程性能、工程寿命、可靠性、安全性和经济性五个方面。

(1) 工程性能

工程性能是指产品或工程满足使用要求所具备的各种功能，具体表现为力学性能、结构性能、使用性能和外观性能。

① 力学性能。如强度、刚度、硬度、弹性、冲击韧性和防渗、抗冻、耐磨、耐热、耐酸、耐碱、耐腐蚀、防火、抗风化等性能。

② 结构性能。如结构的稳定性和牢固性、柱网布局合理性、结构的安全性、工艺设备便于拆装、维修、保养等。

③ 使用性能。如平面布置合理、居住舒适、使用方便、操作灵活等。

④ 外观性能。如建筑装饰造型新颖、美观大方、表面平整垂直、色泽鲜艳、装饰效果好等。

(2) 工程寿命

工程寿命是指工程在规定的使用条件下，能正常发挥其规定功能的总工作时间，也就是工程的设计或服役年限。一般来说，工程的使用功能能稳定在设计指标以内的延续时间都有一定的限制。

(3) 可靠性

工程的可靠性是指工程在规定的时间内和规定的使用条件下，完成规定功能能力的大小和程度。对于建筑装饰企业承建的工程，不仅要求在竣工验收时要达到规定的标准，而且在一定的时间内要保持应有的使用功能。

(4) 安全性

工程的安全性是指工程在使用过程中的安全程度。任何建筑装饰工程都要考虑是否会造成使用或操作人员伤害事故，是否会产生公害、污染环境的可能性。如装饰工程中所用的装饰材料，对人的身体健康有无危害；各类建筑物在规范规定的荷载下，是否满足强度、刚度和稳定性的要求。

(5) 经济性

工程的经济性是指工程寿命周期费用(包括建成成本和使用成本)的大小。建筑装饰工程的经济性要求，一是工程造价要低，二是维修费用要少。

以上工程质量的特性，有的可以通过仪器设备测定直接量化评定，如某种材料的力学性能。但多数很难进行量化评定，只能进行定性分析，即需要通过某些检测手段，确定必要的技术参数来间接反映其质量特性。把反映工程质量特性的技术参数明确规定下来，通过有关部门形成技术文件，作为工程质量施工和验收的规范，这就是通常所说的质量标准。符合质量标准的就是合格品，反之就是不合格品。

工程质量是具有相对性的，也就是质量标准并不是一成不变的。随着科学技术的发展和进步，生产条件和环境的改善，生产和生活水平的提高，质量标准也将会不断修改和提高。

另外，工程的质量等级不同，用户的需求层次不同，对工程质量的要求也不同。施工单位的施工质量，既要满足施工验收规范和质量评定标准的要求，又要满足建设单位、设计单位提出的合理要求。

2) 工作质量

工作质量是建筑装饰企业的经营管理工作、技术工作、组织工作和后勤工作等达到和提高工程质量的保证程度。工作质量可以概括为生产过程质量和社会工作质量两个方面。生产过程质量，主要指思想政治工作质量、管理工作质量、技术工作质量、后勤工作质量等，最终还要反映在工序质量上，而工序质量受到人、设备、工艺、材料和环境五个因素的影响。

社会工作质量主要是指社会调查、质量回访、市场预测、维修服务等方面的工作质量。

工作质量和工程质量是两个不同的概念，两者既有区别又有紧密的联系。工程质量的保证和基础就是工作质量，而工程质量又是企业各方面工作质量的综合反映。工作质量不像工程质量那样直观、明显、具体，但它体现在整个施工企业的一切生产技术和经营活动中，并且通过工作效率、工作成果、工程质量和经济效益表现出来。所以，要保证和提高工程质量，不能孤立地、单纯地抓工程质量，而必须从提高工作质量入手，把工作质量作为质量管理的主要内容和工作重点。在实际工程施工中，人们往往只重视工程质量，看不到在工程质量背后掩盖了大量的工作质量问题。仔细分析出现的各种工程质量事故，都不难得出是由于多方面工作质量欠佳而造成的结论。所以，要保证和提高工程质量，必须狠抓每项工作质量的提高。

3）　人的质量

人的质量(即人的素质)主要表现在思想政治素质、文化技术素质、业务管理素质和身体素质等几个方面。人是直接参与工程建设的组织者、指挥者和操作者，人的素质高低，不仅关系到工程质量的好坏，而且关系到企业的生死存亡和腾飞发展。

3. 工程质量管理的重要性

建筑装饰工程质量的优劣，也直接影响国家经济建设速度。建筑装饰工程施工质量差本身就是最大的浪费，低劣质量的工程一方面需要大幅度增加维修的费用，另一方面还将给用户增加使用过程中的维修、改造费用。有时还会带来工程的停工、效率降低等间接损失。因此，质量问题直接影响着我国经济建设的速度。

4. 质量管理的发展概况

质量管理是企业管理的有机组成部分，质量管理的发展也随着企业管理的发展而发展，其产生、形成、发展和日益完善的过程大体经历了三大阶段。

1）　质量检验阶段

质量检验阶段是质量管理发展的最初阶段，20 世纪 20～40 年代。这一阶段的质量管理，实质上就是把检验与生产分开，成立专门的检验部门，负责产品质量的检验，用检验的方法进行质量管理。这个时期的质量管理只能控制产品验收时的质量，主要是起到事后把关检查、剔除废品的作用，以保证产品质量合格。它的管理效能有限，是一种消极的质量管理方法，它不能预防生产过程中不合格品和废品的产生，同时会使产品的生产成本增加，按现在的观点来看，它只是质量检验从经验走向科学。

2）　统计质量管理阶段

统计质量管理阶段是质量管理发展的第二阶段，时间在 20 世纪 40～50 年代，第二次世界大战期间，由于军需品质量检验大多属于破坏检验，不可能进行事后检验，于是，采用"预防缺陷"的理论，对保证产品质量收到了较好的效果。这一阶段的质量管理，主要运用数理统计方法，从质量波动中找出规律性，消除和控制生产过程影响质量的因素，使生产过程中的每一个环节都控制在正常且比较理想的状态，从而保证最经济地生产出合格的产品。这种质量管理方法，把单纯的质量检验变成了过程管理，使质量管理从 "事后" 转到了"事中"，起到预防和把关相结合的作用。这种质量管理方法，由于以积极的事前预防代替消极的事后检验，因此它的科学性比质量检验阶段有了大幅度的提高。

3） 全面质量管理阶段

20 世纪 60 年代，随着科学技术的发展，特别是航天技术的发展，对安全性和可靠性的要求越来越高；同时，经济上的竞争也日趋激烈，人们对控制质量的认识有了升华，意识到单纯依靠统计质量管理方法已不能满足要求。

1957 年，美国质量管理专家、通用电气公司质量总经理费根堡姆 (A. V. Feigenbum) 博士，首先提出了较系统的"全面质量管理"的概念，并且于 1961 年出版专著《全面质量管理》。"全面质量管理"的中心意思是：数理统计方法是重要的，但不能单纯依靠它，只有将它和企业管理结合起来，才能保证产品质量。这一理论很快应用于不同行业生产企业的质量工作。他明确指出："全面质量管理是为了能够在最经济的水平上并考虑到充分满足顾客要求的条件下进行市场研究、设计、生产和服务，把企业各部门的研制质量、维持质量和提高质量的活动构成为一体的有效体系。"

20 世纪 60 年代以后，费根堡姆的全面质量管理概念逐步被世界各国所接受，并且得到广泛地运用，但在运用中各有所长。在日本称为"全公司的质量管理" (CWQC)，并取得丰硕的成果。

由于质量管理越来越受到人们的重视，并且随着实践的发展，其理论也日渐丰富和成熟，于是逐渐成为一门单独的学科。在"全面质量管理"理论发展期间，美国著名的质量管理专家戴明和朱兰博士，分别提出了"十四点管理法则"和质量管理"三部曲"，对全面质量管理理论做了进一步发展。

戴明提出的"十四点管理法则"如下。

① 企业要创造一贯的目标，以供全体投入。

② 随时吸收新哲学、新方法，以应付日益变化的趋势。

③ 不要依赖检验来达到质量，应重视过程改善。

④ 采购不能以低价的方式来进行。

⑤ 经常且持续地改善生产及服务体系。

⑥ 执行在职训练且不要中断。

⑦ 强调领导的重要。

⑧　消除员工的恐惧感，鼓励员工提高工作效率。

⑨　消除部门与部门之间的障碍。

⑩　消除口号、传教式的训话。

⑪　消除数字的限额，鼓励员工创意。

⑫　提升并尊重员工的工作精神。

⑬　推动自我改善及自我启发的方案，让员工积极向上。

⑭　促使全公司员工参与，在工作中实现转变，适应新环境、新挑战。

朱兰博士认为：产品质量经历了一个产生、形成和实现的过程。这一过程中的质量管理活动，根据其所要达到的目的不同，可以划分为计划，控制和改进提高三类活动。朱兰博士将其称为质量管理 "三部曲"。

全面质量管理的特点是针对不同企业的生产条件、工作环境及工作状态等多方面因素的变化，把组织管理数理统计方法以及现代科学技术、社会心理学、行为科学等综合适用于质量管理，建立适用和完善的质量工作体系，对每一个生产环节加以管理，做到全面控制。

8.2　装饰工程全面质量管理

【学习目标】

了解全面质量管理的概念与观点；掌握全面质量管理的任务与方法。

1. 全面质量管理的概念与观点

1)　全面质量管理的概念

全面质量管理(简称为 TQC 或 TQM，T 为全面，Q 为质量，C 为管理)，是指施工企业为了保证和提高产品质量，运用一整套的质量管理体系、手段和方法，所进行的全面的、系统的管理活动。它是一种科学的现代质量管理方法。

2)　全面质量管理的观点

全面质量管理继承了质量检验和统计质量控制的理论和方法，并在深度和广度方面将其向前发展一步，归纳起来，它具有以下基本观点。

(1)　质量第一的观点

"百年大计、质量第一"，是建筑装饰工程推行全面质量管理的思想基础。建筑装饰工程质量的好坏，不仅关系到国民经济的发展及人民生命财产的安全，而且直接关系到施工企业的信誉、经济效益及生存和发展。因此，牢固树立"质量第一"的观点，这是工程全面质量的核心。

(2) 用户至上的观点

"用户至上"是建筑装饰工程推行全面质量管理的精髓。国内外多数企业把用户摆在至高无上的地位，把用户称为"上帝"。

现代企业质量管理"用户至上"的观点是广义的，它包括两个含义：一是直接或间接使用建筑装饰工程的单位或个人；二是施工企业内部，在施工过程中上一道工序应对下一道工序负责，下一道工序则为上一道工序的用户。

(3) 预防为主的观点

工程质量是设计、制造出来的，而不是检验出来的。检验只能发现工程质量是否符合质量标准，但不能保证工程质量。在工程施工的过程中，每个工序、每个分部分项工程的质量，都会随时受到许多因素的影响，只要有一个因素发生变化，质量就会产生波动，不同程度地出现质量问题。全面质量管理强调将事后检验把关变成工序控制，从管质量结果变为管质量因素，防检结合，防患于未然。也就是在施工全过程中，将影响质量的因素控制起来，发现质量波动就分析原因、制定对策，这就是"预防为主"的观点。

(4) 全面管理的观点

所谓全面管理，就是突出一个"全"字，即实行全过程的管理、全企业的管理和全员的管理。

全过程的管理，就是把工程质量管理贯穿于工程的规划、设计、施工、使用的全过程，尤其在施工过程中，要贯穿于每个单位工程、分部工程、分项工程、各施工工序。

全企业的管理，就是强调质量管理工作不只是质量管理部门的事情，施工企业的各个部门都要参加质量管理，都要履行自己的职能。

全员的管理，就是施工企业的全体人员，包括各级领导、管理人员、技术人员、政工人员、生产工人、后勤人员等都要参加到质量管理中来，人人关心产品质量，把提高产品质量和本职工作结合起来，使工程质量管理有扎实的群众基础。

(5) 数据说话的观点

数据是实行科学管理的依据，没有数据或数据不准确，质量就无从谈起。全面质量管理强调"一切用数据说话"，是因为它是以数理统计的方法为基本手段，而数据是应用数理统计方法的基础，这是区别于传统管理方法的重要一点。它是依靠实际的数据资料，运用数理统计的方法作出正确的判断，采取有力措施，进行质量管理。

(6)　不断提高的观点

重视实践，坚持按照计划、实施、检查、处理的循环过程办事，经过一个循环后，对事物内在的客观规律就会有进一步的认识，从而制定出新的质量管理计划与措施，使质量管理工作及工程质量不断提高。

2. 全面质量管理的任务与方法

1)　全面质量管理的任务

全面质量管理的基本任务是：建立和健全质量管理体系，通过企业经营管理的各项工作，以最低的工程成本、合理的施工工期，生产出符合设计要求并使用户满意的产品。

全面质量管理的具体任务主要有以下几个方面。

①　完善质量管理的基础工作。主要包括开展质量教育、推行标准化、做好计量工作，搞好质量信息工作和建立质量责任制。

②　建立和健全质量保证体系。主要包括建立质量管理机构、制定可行的质量计划、建立质量信息反馈系统和实现质量管理业务标准化。

③　确定企业的质量目标和质量计划。

④　对生产过程各工序的质量进行全面控制。

⑤　严格按国家有关规范标准进行质量检验工作。

⑥　相信群众、发动群众，开展群众性的质量管理活动。如质量管理小组(QC 小组)活动等。

⑦　建立质量回访制度。通过质量回访，总结质量管理中取得的经验和存在的问题，以便寻求改进和提高措施。

2)　全面质量管理的基本方法

全面质量管理的基本方法是循环工作法(或简称 PDCA 法)。这种方法是由美国质量管理专家戴明博士于 20 世纪 60 年代提出的，至今仍适用于建筑装饰工程的质量管理中。

(1)　PDCA 循环工作法的基本内容

PDCA 循环工作法是把质量管理活动归纳为四个阶段，即计划阶段(Plan)、实施阶段(Do)、检查阶段(Check)和处理阶段(Action)，其中包括八个步骤。

①　计划阶段(Plan)。在计划阶段，首先要确定质量管理的方针和目标，并提出实现这一目标的具体措施和行动计划。在计划阶段主要包括四个具体步骤。

第一步：分析工程质量的现状，找出存在的质量问题，以便进行针对性的调查研究。

第二步：分析影响工程质量的各种因素，找出在质量管理中的薄弱环节。

第三步：在分析影响工程质量因素的基础上，找出其中主要的影响因素，作为质量管理的重点对象。

第四步：针对管理的重点，制定改进质量的措施，提出行动计划并预计达到的效果。

在计划阶段要反复考虑下面几个问题。

必要性 (Why)：为什么要有计划？

目的(What)：计划要达到什么目的？

地点 (Where)：计划要落实到哪个部门？

期限(When)：计划要什么时候完成？

承担者(Who)：计划具体由谁来执行？

方法(How)：执行计划的打算？

② 实施阶段(Do)。在实施阶段中，要按照既定的措施下达任务，并按措施去执行。这也是 PDCA 循环工作法的第五个步骤。

③ 检查阶段(Check)。在检查阶段的工作，是对措施执行的情况进行及时的检查，通过检查与原计划进行比较，找出成功的经验和失败的教训。这也是 PDCA 循环工作法的第六个步骤。

④ 处理阶段(Action)。在处理阶段中，就是把检查之后的各种问题加以认真处理。这个阶段可以分为以下两个步骤，即第七步和第八步。

对于正确的要总结经验，巩固措施，制定标准，形成制度，以便遵照执行。

对于尚未解决的问题，转入下一个循环，再进行研究措施，制订计划，予以解决。

(2) PDCA 循环工作法的特点

PDCA 循环工作法在运行的过程中，具有以下明显的特点。

① PDCA 循环像一个不断转动的车轮，重复地不停循环；管理工作做得越扎实，循环越有效，如图 8-1 所示。

② PDCA 循环的组成是大环套小环，大小环均不停地转动，但又环环相扣，如图 8-2 所示。

图 8-1　PDCA 循环工作法示意

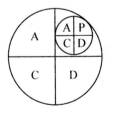

图 8-2　大环套小环示意

例如，整个公司是一个大的 PDCA 循环，企业各部门又有自己小的 PDCA 循环，依次有更小的 PDCA 循环，小环在大环内转动，因而形象地表示了它们之间的内部关系。

③　PDCA 循环每转动一次，质量就有所提高，而在原来水平上的转动，每个循环所遗留的问题再转入下个循环继续解决，如图 8-3 所示。

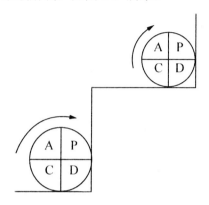

图 8-3　PDCA 工作循环阶梯上升示意

④　PDCA 循环必须围绕着质量标准和要求来转动，并且在循环过程中把行之有效的措施和对策上升为新的标准。

3. 全面质量管理的基础工作

1)　开展质量教育

进行质量教育的目的，就是要使企业全体人员牢固树立 "质量第一、用户至上" 的观点，建立全面质量管理的观念，掌握进行全面质量管理的工作方法，学会使用质量管理的工具，特别是要重视对各级领导、质量管理职能干部及质量管理专职人员、基层质量管理小组成员的教育。在开展质量教育的过程中，要进行启蒙教育、普及教育和提高教育，使质量管理逐步深化。

2)　推行标准化

标准化是现代化大生产的产物。它是指材料、设备、工具、产品品种及规格的系列化，尺寸、质量、性能的统一化。标准化是质量管理的尺度和依据，质量管理是执行标准化的保证。

在建筑装饰工程施工中，对质量管理起标准化的作用是：施工与验收规范、工程质量评定标准、施工操作规程及质量管理制度等。

3)　做好计量工作

测试、检验、分析等均为计量工作，这是在质量管理中的重要基础工作。没有计量工作，就谈不上执行质量标准；计量不准确，就不能判断质量是否符合标准。所以，开展质量管理，必然要做好计量工作。

在做好计量工作中，要明确责任制，加强技术培训，严格执行计量管理的有关规程与标准。对各种计量器具以及测试、检验仪器，必须实行科学管理，做到检测方法正确，计量器具、仪表及设备性能良好，数值准确，使误差控制在允许范围内，以充分发挥计量工作在质量管理中的作用。

4) 搞好质量信息工作

质量信息工作，是指及时收集反映产品质量和工作质量的信息、基本数据、原始记录和产品使用过程中反映出来的质量情况，以及国内外同类产品的质量动态，从而为研究、改进质量管理和提高产品质量，提供可靠的依据。

质量信息工作是质量管理的耳目。开展全面质量管理，一定要做好质量信息收集这项基础工作。其基本要求是：保证信息资料的准确性，提供的信息资料具有及时性，要全面系统地反映产品质量活动的全过程，切实地掌握影响产品质量的因素和生产经营活动的动态，对提高质量管理水平起到良好作用。

5) 建立质量责任制

建立质量责任制，就是把质量管理方面的责任和具体要求，落实到每一个部门、每一个岗位和每一个操作者，组成一个严密的质量管理工作体系。

质量管理工作体系，是指组织体系、规章制度和责任制度三者的统一体。要将企业领导、技术负责人、企业各部门、每个管理人员和施工工人的质量管理责任制度，以及与此有关的其他工作制度建立起来，不仅要求制度健全、责任明确，还要把质量责任、经济利益结合起来，以保证各项工作的顺利开展。

8.3　工程质量保证体系

【学习目标】

了解质量保证体系的概念与内容；掌握质量保证体系的建立方法。

1. 质量保证体系的概念

1) 质量保证的概念

质量保证是指企业对用户在工程质量方面作出的担保，即企业向用户保证其承建的工程在规定的期限内能满足的设计和使用功能。按照全面质量管理的观点，质量保证还包括上道工序提供的半成品保证下道工序的要求，即上道工序对下道工序实行质量担保。它充分体现了企业和用户之间的关系，即保证满足用户的质量要求，对工程的使用质量负责到底。通过质量保证，将产品的生产者和使用者密切地联系在一起，促使企业按用户要求组织生产，达到全面提高质量的目的。

用户对产品质量的要求是多方面的，它不仅指交货时的产品质量，还包括在使用期限内产品的稳定性以及生产者提供的维修服务质量等。因此，建筑装饰企业的质量保证，不仅包括建筑装饰产品交工时的质量，而且还包括交工后在产品使用阶段提供的维修服务质量等。

2)　质量保证体系的概念

所谓质量保证体系，就是企业为保证提高产品的质量，运用系统的理论和方法建立的一个有机的质量工作系统。

这个工作系统，把企业各个部门、生产经营各环节的质量管理职能组织起来，形成一个目标明确、权责分明、相互协调的整体，从而使企业的工作质量和产品质量紧密地联系起来，产品生产过程的各道工序紧密地联系在一起，生产过程与使用过程紧密地联系在一起，企业经营管理的各环节紧密地联系在一起。

由于有了质量保证体系，企业便能在生产经营的各环节及时地发现和掌握产品质量问题，把质量问题消灭在发生之前，实现全面质量管理的目的。

质量保证体系是全面质量管理的核心。全面质量管理实质上就是要建立质量保证体系，并使其在生产经营中正常运转。

2. 质量保证体系的内容

建立质量保证体系，必须和质量保证的内容相结合。根据建筑装饰产品的特点，建筑装饰企业的质量保证体系的内容，包括施工准备过程、施工过程和使用过程三个部分的质量保证工作。

1)　施工准备过程的质量保证

施工准备过程的质量保证，是施工过程和使用过程质量保证的基础，主要有以下内容。

(1)　严格审查施工图纸

为了避免设计图纸的差错给工程质量带来的影响，必须对图纸进行认真的审查。通过严格审查，及早发现图纸上的错误，采取相应的措施加以纠正，以免在施工中造成损失。

(2)　编制好施工组织设计

在编制施工组织设计之前，要认真分析本企业在施工过程中存在的主要问题和薄弱环节，分析工程的特点、难点和重点，有针对性地提出保证质量的具体措施，编制出切实可行的施工组织设计，以便指导施工活动。

(3) 搞好技术交底工作

在下达施工任务时，必须向执行者进行全面的质量交底，使执行人员了解任务的质量特性、质量重点，做到心中有数，避免盲目行动。

(4) 严格材料、构配件和其他半成品的检验工作

从原材料、构配件和半成品的进场开始，就严格把好质量关，为保证工程质量提供良好的物质基础。

(5) 施工机械设备的检查维修工作

施工前要搞好施工机械设备的检查维修工作，使机械设备经常保持良好的技术状态，不至于因为机械设备运转不正常，而影响工程质量。

2) 施工过程的质量保证

施工过程是建筑装饰产品质量的形成过程，是控制建筑装饰产品质量的重要阶段。在这个阶段的质量保证工作，主要有以下几项。

(1) 加强施工工艺管理

严格按照设计图纸、施工组织设计、施工验收规范、施工操作规程进行施工，坚持质量标准，保证各分部分项工程的施工质量，从而确保整体工程质量。

(2) 加强施工质量的检查和验收

坚持质量检查和验收制度，按照质量标准和验收规范，对已完工的分部分项工程特别是隐蔽工程，及时进行检查和验收。不合格的工程，一律不验收。该返工的工程必须进行返工，不留隐患。通过检查验收，促使操作人员重视质量问题，严把质量关。质量检查一般可采取群众自检、班组互检和专业检查相配合的方法。

(3) 掌握工程质量的动态

通过质量统计分析，从中找出影响质量的主要原因，总结产品质量的变化规律。统计分析是全面质量管理的重要方法，是掌握质量动态的重要手段。针对质量波动的规律，采取相应的对策，防止质量事故的发生。

3) 使用过程的质量保证

建筑装饰产品的使用过程，是建筑装饰产品质量经受考验的阶段。建筑装饰企业必须保证用户在规定的使用期限内，正常地使用建筑装饰产品。在这个阶段，主要有两项质量保证工作。

(1)　及时回访

建筑装饰工程交付使用后，企业要组织有关人员对用户进行调查回访，认真听取用户对施工质量的意见，收集有关质量方面的资料，并对用户反馈的信息进行分析，从中发现施工质量问题，了解用户的要求，采取措施加以解决并为以后工程施工积累经验。

(2)　进行保修

对于因施工原因造成的质量问题，建筑装饰企业应负责无偿装修，取得用户的信任。对于因设计原因或用户使用不当造成的质量问题，应当协助进行处理，提供必要的技术服务，保证用户的正常使用。

3. 质量保证体系的建立

建立质量保证体系，是确保工程质量的重要基础和措施，主要要求做好下列几项工作。

1)　建立质量管理机构

在公司经理的领导下，建立综合性的质量管理机构。质量管理机构的主要任务是：统一组织、协调质量保证体系的活动；编制质量计划并组织实施；检查、督促各部门的质量管理职能；掌握质量保证体系活动动态，协调各环节的关系；开展质量教育，组织群众性的质量管理活动。

在建立综合性质量管理机构的同时，还应设置专门的质量检查机构，具体负责工程质量的检查工作。

2)　制订可行的质量计划

质量计划是实现质量目标和具体组织与协调质量管理活动的基本手段，也是施工企业各部门、生产经营各环节质量工作的行动纲领。施工企业的质量计划是一个完整的计划体系，既有长远的规划，又有近期的计划；既有企业的总体规划，又有各部门、各环节具体的行动计划；既有计划目标，又有实施计划的具体措施。

3)　建立质量信息反馈系统

质量信息是质量管理的根本依据，它反映了产品质量形成过程中的动态。质量管理就是根据信息反馈提出的问题，采取相应的解决措施，对产品质量形成过程实施控制。没有质量信息，也就谈不上质量管理。施工企业的质量信息主要来自两部分：一是外部信息，包括用户、原材料和构配件供应单位、协作单位、上级组织的信息；二是内部信息，包括施工工艺、各分部分项工程的质量检验结果、质量控制中的问题等。建筑装饰施工企业必须建立一整套质量信息反馈系统，准确、及时地收集、整理、分析、传递质量信息，为质量管理体系的运转提供可靠的依据。

4) 实现质量管理业务标准化

把重复出现的质量管理业务归纳整理，制定出质量管理制度，用制度去管理，实现管理业务的标准化。质量管理业务标准化主要包括：程序标准化；处理方法规范化；各岗位的业务工作条理化等。通过标准化，使企业各个部门和全体职工，都严格遵循统一制度的工作程序，协调一致的行动，从而提高工作质量，保证产品质量。

4. 工程质量保证体系

为保证工程质量，我国在工程建设中逐步建立了比较系统的质量管理的三个体系，即设计施工单位的全面质量管理保证体系、建设监理单位的质量检查体系和政府部门的质量监督体系。

1) 设计施工单位的全面质量管理保证体系

(1) 质量保证的概念

质量保证是指企业对用户在工程质量方面作出的担保，即企业向用户保证其承建的工程在规定的期限内能满足的设计和使用功能。它充分体现了企业和用户之间的关系，即保证满足用户的质量要求，对工程的使用质量负责到底。

由此可见，对于建筑装饰工程质量来讲，要保证建筑装饰工程的质量，必须从加强工程的规划设计开始，并确保从施工到竣工使用全过程的质量管理。因此，质量保证是质量管理的引申和发展，它不仅包括施工企业内部各个环节、各个部门对工程质量的全面管理，从而保证最终建筑产品的质量，而且还包括规划设计和工程交工后的服务等质量管理活动。质量管理是质量保证的基础，质量保证是质量管理的目的。

(2) 质量保证的作用

质量保证的作用，表现在对工程建设和施工企业内部两个方面。

对工程建设，通过质量保证体系的正常运行，在确保工程建设质量和使用后服务质量的同时，为该工程设计、施工的全过程提供建设阶段有关专业系统的质量职能正常履行及质量效果评价的全部证据，并向建设单位表明，工程是遵循合同规定的质量保证计划完成的，质量是完全满足合同规定的要求。

对建筑企业内部，通过质量保证活动，可有效地保证工程质量，或及时发现工程质量事故征兆，防止质量事故的发生，使施工工序处于正常状态之中，进而达到降低因质量问题产生的损失，提高企业的经济效益。

(3) 质量保证的内容

质量保证的内容，贯穿于工程建设的全过程，按照建筑工程形成的过程分类，主要包括：规划设计阶段质量保证，采购和施工准备阶段质量保证，施工阶段质量保证，使用阶段质量保证。按照专业系统不同分类，主要包括设计质量保证，施工组织管理质量保证，物资、器材供应质量保证，建筑安装质量保证，计量及检验质量保证，质量情报工作质量保证等。

(4) 质量保证的途径

质量保证的途径包括：在工程建设中的以检查为手段的质量保证，以工序管理为手段的质量保证和以开发新技术、新工艺、新材料、新工程产品(以下简称"四新")为手段的质量保证。

① 以检查为手段的质量保证。实质上是对照国家有关工程施工验收规范，对工程质量效果是否合格作出最终评价，也就是事后把关，但不能通过它对质量加以控制。因此，它不能从根本上保证工程质量，只不过是质量保证一般措施和工作内容之一。

② 以工序管理为手段的质量保证。实质上是通过对工序能力的研究，充分管理设计、施工工序，使之每个环节均处于严格的控制之中，以此保证最终的质量效果。但它仅是对设计、施工中的工序进行了控制，并没有对规划和使用阶段实行有关的质量控制。

③ 以"四新"为手段的质量保证。这是对工程从规划、设计、施工和使用的全过程实行的全面质量保证。这种质量保证克服了以上两种质量保证手段的不足，可以从根本上确保工程质量，这也是目前最高级的质量保证手段。

(5) 全面质量保证体系

全面质量保证体系是以保证和提高工程质量为目标，运用系统的概念和方法，把企业各部门、各环节的质量管理职能和活动合理地组织起来，形成一个有明确任务、职责权限，又互相协调、互相促进的管理网络和有机整体，使质量管理制度化、标准化，从而生产出高质量的建筑产品。

工程实践证明，只有建立全面质量保证体系，并使其正常实施和运行，才能使建设单位、设计单位和施工单位，在风险、成本和利润三个方面达到最佳状态。我国的工程质量保证体系一般由思想保证、组织保证和工作保证三个子体系组成。

① 思想保证子体系。思想保证子体系就是参加工程建设的规划、勘测、设计和施工人员要有浓厚的质量意识，牢固树立"质量第一、用户第一"的思想，并全面掌握全面质量管理的基本思想、基本观点和基本方法，这是建立质量保证体系的前提和基础。

② 组织保证子体系。组织保证子体系就是工程建设质量管理的组织系统和工程形成过程中有关的组织机构系统。这个子体系要求管理系统各层次中的专业技术管理部门，都

要有专职负责的职能机构和人员。在施工现场，施工企业要设置兼职或专职的质量检验与控制人员，担负起相应的质量保证职责，以形成质量管理网络；在施工过程中，建设单位委托建设监理单位进行工程质量的监督、检查和指导，以确保组织的落实和正常活动的开展。

③ 工作保证子体系。工作保证子体系就是参与工程建设规划、设计、施工的各部门、各环节、各质量形成过程的工作质量的综合。这个子体系若以工程产品形成过程来划分，可分为勘测设计过程质量保证子体系、施工过程质量保证子体系、辅助生产过程质量保证子体系、使用过程质量保证子体系等。

勘测设计过程质量保证子体系是工作保证子体系的重要组成部分，它和施工过程质量保证子体系一样，直接影响着工程形成的质量。这两者相比，施工过程质量保证子体系又是其核心和基础，是构成工作保证子体系的主要子体系，它又由"质量把关—质量检验"和"质量预防—工序管理"两个方面组成。

2) 建设监理单位的质量检查体系

工程项目实行建设监理制度，这是我国在建设领域管理体制改革中推行的一项科学管理制度。建设监理单位受业主的委托，在监理合同授权范围内，依据国家的法律、规范、标准和工程建设合同文件，对工程建设进行监督和管理。

在工程项目建设的实施阶段，监理工程师既要参加施工招标投标，又要对工程建设进行监督和检查，但主要的是实施对工程施工阶段的监理工作。在施工阶段，监理人员不仅要进行合同管理、信息管理、进度控制和投资控制，而且对施工全过程中各道工序进行严格的质量控制。国家明文规定，凡进入施工现场的机械设备和原材料，必须经过监理人员检验合格后才可使用；每道施工工序都必须按批准的程序和工艺施工，必须经施工企业的"三检"(初检、复检、终检)，并经监理人员检查论证合格，方可进入下道工序；工程的其他部位或关键工序，施工企业必须在监理人员到场的情况下才能施工；所有的单位工程、分部工程、分项工程，必须由监理人员参加验收。

由以上可以看出，监理人员在工程建设中，将工程施工全过程的各工作环节的质量都严格地置于监理人员的控制之下，现场监理工程师拥有"质量否决权"。经过多年的监理实践，监理人员对工程质量的检查认证，已有一套完整的组织机构、工作制度、工作程序和工作方法，构成了工程项目建设的质量检查体系，对保证工程质量起到了关键性的作用。

3) 政府部门的工程质量监督体系

工程质量监督机构是各级政府的职能部门，代表其政府部门行使工程质量监督权，按

照 "监督、促进、帮助" 的原则，积极支持、指导建设、设计、施工单位的质量管理工作，但不能代替各单位原有的质量管理职能。

各级工程质量监督体系，主要由各级工程质量监督站代表政府行使职能，对工程建设实施第三方的强制性监督，其工作具有一定的强制性。其基本工作内容有对施工队伍资质审查、施工中控制结构的质量、竣工后核验工程质量等级、参与处理工程事故、协助政府进行优质工程审查等。

8.4　工程质量的评定与验收

【学习目标】

了解装饰分部分项工程的检验评定内容和标准；掌握装饰单位工程质量的综合评定与验收。

目前，我国进行建筑装饰工程质量检验评定，子分部工程及分项工程主要是按照中华人民共和国国家标准《建筑装饰装修工程质量验收规范》(GB 50210—2001)的规定；分部工程主要按照《建筑工程质量验收统一标准》(GB 50300—2001)的规定进行。标准中阐明了该标准的适用范围；规定了建筑工程质量检验评定的方法、内容和质量标准；质量检验评定的划分和等级；质量检验评定的程序和组织。在标准中也规定了建筑工程的分项工程、分部工程和单位工程的划分方法，这些规定也适用于建筑装饰工程。

验收标准的主要质量指标和内容，是根据国家颁发的建筑安装工程施工及验收规范等编制的。因此，在进行装饰工程质量检验评定时，应同时执行与之相关的国家标准，如《钢结构工程施工及验收规范》(GB 50205—2002)、《木结构工程施工及验收规范》(GB 50206—2002)、《建筑地面工程施工及验收规范》(GB 50209—2002)等；装饰工程施工中涉及部分水、电、风的项目，还应执行《建筑给排水采暖工程施工质量及验收规范》(GB 50242—2002)、《通风与空调工程施工及验收规范》(GB 50243—2002)和《建筑电气工程施工质量及验收规范》(GB 50303—2002)等。除了施工及验收规范外，国家还颁发了各种设计规范、规程、规定、标准及国家材料质量标准等有关技术标准，这些技术标准与施工及验收规范密切相关，形成互补，都是在工程质量评定与验收中不可缺少的技术标准。

由于建筑装饰材料发展迅速，装饰施工技术发展很快，一些新材料、新技术、新工艺在以往颁发的规范中未有评定和验收标准。因此，应当根据发展情况不断地进行补充和

更新。

如国家建设部通过第 110 号令颁布的《住宅装饰装修管理办法》、《住宅装饰装修工程施工规范》(GB 50327—2001)、《民用建筑工程室内环境污染控制规范》(GB 50325—2001)、《建筑地面工程施工质量验收规范》(GB 50209—2002)、《住宅装饰装修工程质量验收规范》(GB 50210—2001)等。

1. 分项、分部、单位工程的划分

一个建筑装饰工程,从施工准备工作开始到竣工交付使用,必须经过若干工序、若干工种的配合施工;一个建筑装饰工程质量的好坏,取决于每一道施工工序、各施工工种的操作水平和管理水平。为了便于质量管理和控制,便于检查验收,在实际施工的过程中,把装饰工程项目划分为若干个分项工程、分部工程和单位工程。

1) 分项工程的划分

建筑装饰工程分项工程的划分,可以按其主要工种划分,也可以按施工顺序和所使用的不同材料来划分。例如,木工工种的木门窗制作工程、木门窗安装工程;油漆工工种的混色油漆工程、墙面涂料工程;抹灰工工种的墙面抹灰工程、墙面贴瓷砖工程等。

装饰工程的分项工程,原则上对楼房按楼层划分,单层建筑按变形缝划分。如果一层中的面积较大,在主体结构施工时已经分段,也可在按楼层的基础上,再按段进行划分,以便于质量控制。每完成一层(段),验收评定一层(段),以便及时发现问题及时修理,如能按楼层划分的,尽可能按楼层划分,对于一些小的项目或按楼层划分有困难的项目,也可以不按楼层划分,但在一个单位工程中应尽可能一致。所以,参加装饰工程评定分项工程的个数较多,也可能在评定一个分项工程时,同名称的分项工程很多。例如,有一个三层楼装修,每层分为三段,装饰主要施工项目有贴瓷砖分项工程、贴壁纸分项工程等,各层至少应评定三次,整个工程的每个分项工程至少要评定九次。

2) 分部工程的划分

按照《建筑工程质量验收统一标准》(GB 50300—2001)的规定,建筑工程按主要部位划分为地基与基础、主体结构、建筑装饰装修、建筑屋面、建筑给排水及采暖、建筑电气、智能建筑、通风与空调系统和电梯等九个分部工程。在建筑装饰装修工程中,主要涉及地面、抹灰、门窗、吊顶、轻质隔墙、幕墙、涂饰、裱糊与软包、细部等子分部工程。

建筑装饰工程各分部工程及所含的主要分项工程如表 8-1 所示。

表 8-1　建筑装饰工程各分部工程及所含的主要分项工程

序　号	子分部工程	包含的分项工程
1	地面工程	各种材料的面层(如混凝土、砂浆、砖、大理石、预制板、塑料板、瓷砖、地毯、竹地板、木地板、复合地板等)
2	抹灰工程	主要包括一般抹灰、装饰抹灰、清水砌体勾缝
3	门窗工程	包括木门窗制作与安装、金展门窗安装、塑料门窗安装、特种门的安装和门窗玻璃的安装
4	吊顶工程	主要包括暗龙骨吊顶和明龙骨吊顶两种
5	轻质隔墙工程	主要包括板材隔墙、骨架隔墙、活动隔墙和玻璃隔墙
6	幕墙工程	主要包括饰面板安装和饰面砖粘贴
7	涂饰工程	主要包括玻璃幕墙、金属幕墙和石材幕墙
8	裱糊与软包工程	主要包括裱糊和软包
9	细部工程	主要包括柜橱制作与安装，窗帘盒、窗台板和暖气罩的制作与安装，门窗套的制作与安装，护栏和扶手的制作与安装，花饰的制作与安装
10	饰面砖(板)工程	主要包括花岗岩、大理石墙饰面、面砖墙面、陶瓷饰砖饰面等

以上分部工程中所含主要分项工程，在目前来讲还是比较适用的，但是，随着新材料、新技术、新工艺的不断涌现，很可能不会全部适用。在实际运用中可以参考《建筑工程质量验收统一标准》(GB 50300—2001)、《建筑地面工程施工质量验收规范》(GB 50209—2002)等进行检验和评定。

3)　单位工程的划分

建筑装饰工程的单位工程由装饰工程和建筑设备工程共同组成。装饰工程一般涉及四个分部工程，设备安装工程一般涉及三个分部工程。不论工作量大小都可以作为一个分部工程参与单位工程的评定，也有的单位工程不一定全部包括这些分部工程。

2. 装饰分项工程质量的检验评定

1)　分项工程质量检验评定内容

分项工程质量检验评定的内容，主要包括保证项目、基本项目和允许偏差项目三部分。

(1)　保证项目

保证项目是必须达到的要求，是保证工程安全或使用功能的重要项目。在规范中一般用"必须"或"严禁"这类的词语来表示，保证项目是评定该工程项目达到合格或优良都必须达到的质量指标。

保证项目包括重要材料、配件、成品、半成品、设备性能及附件的材质、技术性能等；

装饰所焊接、砌筑结构的刚度、强度和稳定性等；在装饰工程中所用的主要材料、门窗等；幕墙工程的钢架焊接必须符合设计要求，裱糊壁纸必须粘贴牢固，无翘边、空鼓、摺皱等缺陷。

(2) 基本项目

基本项目是保证工程安全或使用性能的基本要求，在规范中采用了"应"和"不应"词语来表示。基本项目对使用安全、使用功能、美观都有较大的影响，因此，"基本项目"在装饰工程中，与"保证项目"相比同等重要，同样是评定分项工程"合格"或"优良"质量等级的重要条件。

基本项目的主要内容包括允许有一定偏差的项目，但又不宜纳入允许偏差范围的，放在基本项目中，用数据规定出"优良"、"合格"的标准；对不能确定的偏差值，而允许出现一定缺陷的项目，以缺陷数目来区分一些无法定量而采取定性的项目。

(3) 允许偏差项目

允许偏差项目是分项工程检验项目中规定有允许偏差范围的项目。检验时允许有少数检测点的实测值略微超过允许偏差值，以其所占比例作为区分分项工程合格和优良的等级的条件之一，允许偏差项目的允许偏差值的确定是根据制定规范时，当时的各种技术条件、施工机具设备条件、工人技术水平，结合使用功能、观感质量等的影响程度，而定出的一定允许偏差范围。由于近十几年来装饰施工机具不断改进，各种手持电动工具的普及，以及新技术、新工艺的应用，满足规范允许偏差值比较容易，在进行高级建筑装饰工程施工质量评定时，最好适当增加检测点的个数，并对允许偏差值严格控制。

允许偏差值项目包括的主要内容有：有正负偏差要求的值，允许偏差值直接注明数字不示明符号；要求大于或小于某一数值或在一定范围内的数值，采用相对比例值确定偏差值。

2) 分项工程的质量等级标准

建筑装饰工程分项工程的质量等级，分为"合格"和"优良"两个等级。

(1) 合格

① 保证项目必须符合相应质量评定标准的规定。

② 基本项目抽检处(件)应符合相应质量评定标准的合格规定。

③ 允许偏差项目在抽检的点数中，建筑装饰工程有 70%及其以上，建筑设备安装工程有 80%及其以上的实测值，在相应质量检验评定标准的允许偏差范围内。

(2) 优良

① 保证项目必须符合相应质量检验评定标准的规定。

② 基本项目每项抽检处(件)的质量，均应符合相应质量检验评定标准的合格规定，其中 50%及其以上的处(件)符合优良规定，该项目即为优良；优良的项目数目应占检验项数的 50%以上。

③ 在允许偏差项目抽检的点数中，有 90%及其以上的实测值，均应在质量检验评定标准的允许偏差范围内。

3. 装饰分部工程质量的检验评定

1) 分部工程的质量等级标准

装饰工程分部工程的质量等级，与分项工程质量评定相同，分为"合格"和"优良"两个等级。

(1) 合格

分部工程中所包含的全部分项工程质量必须全部合格。

(2) 优良

分部工程中所包含的全部分项工程质量必须全部合格，其中有 50%及其以上为优良，且指定的主要分项工程为优良(建筑设备安装工程中，必须含指定的主要分项工程)。

分部工程的质量等级是由其所包含的分项工程的质量等级通过统计来确定的。

2) 分部工程质量评定方法

分部工程的基本评定方法是用统计方法进行评定的，每个分项工程都必须达到合格标准后，才能进行分部工程质量评定。所包含分项工程的质量全部合格，分部工程才能评定为合格；在分项工程质量全部合格的基础上，分项工程有 50%及其以上达到优良指标，分部工程的质量才能评为优良。在进行统计方法评定分部工程质量的同时，要注意指定的主要分项工程必须达到优良，这些分项工程要重点检查质量评定情况，特别是保证项目必须达到合格标准，基本项目的质量应达到优良标准规定。

分部工程的质量等级确认，应由相当于施工队一级(项目经理部)的技术负责人组织评定，专职质量检查员核定。在进行质量等级核定时，质量检查人员应到施工现场实地对施工项目进行认真检查，检查的主要内容如下。

① 各份项工程的划分是否正确，不同的划分方法，其分项工程的个数不同，分部工程质量评定的结果不一致。

② 检查各分项工程的保证项目评定是否正确，主要装饰材料的原始材料质量合格证

明资料是否齐全有效，应该进行检测、复试的结果是否符合有关规范要求。

③ 有关施工记录、预检记录是否齐全，签证是否齐全有效。

④ 现场检查情况。对现场分项工程按规定进行抽样检查或全数检查，采用目测(适用于检查墙面的平整、顶棚的平顺、线条的顺直、色泽的均匀、装饰图案的清晰等，为确定装饰效果和缺陷的轻重程度，按规定进行正视、斜视和不等距离的观察等)；手感(适用于检测油漆表面是否光滑、油漆刷浆工程是否掉粉，检查饰面、饰物安装的牢固性)；听声音(适用于判定饰面基层及面层是否有空鼓、脱层等，镶贴是否牢固，采用小锤轻击等方法听声音来判断)；查资料(对照有关规定设计图纸，产品合格证，材料试验报告或测试记录等检验是否按图施工，材料质量是否相符、合格)；实测量(利用工具采取靠、吊、照、套等手段，对实物进行检测并与目测手感相结合，得到相应的数据)等一系列手段与方法，检查是否有与质量保证资料不符合的地方，检查基本项目是否有达不到符合标准规定的地方，是否有不该出现裂缝而出现裂缝、变形、损伤的地方，如果出现问题必须先行处理，达到合格后重新复检，核定质量等级。

4. 装饰单位工程质量的综合评定

1) 装饰单位工程质量评定的方法

建筑装饰单位工程的质量检验评定方法与建筑工程相同，是由分部工程质量等级统计汇总，直接反映单位工程使用安全和使用功能保证资料核查以及观感质量三部分综合评定，有时还要结合当地建筑主管部门的具体规定评定。

(1) 分部工程质量等级统计汇总

进行分部工程质量等级汇总的目的是突出工程质量控制，把分项工程质量的检验评定作为保证分部工程和单位工程质量的基础。分项工程质量达到合格后才能进行下道工序，这样分部分项工程质量才有保障，各分部工程质量有保证，单位工程的质量自然就有保证。分部工程质量评定汇总时，应注意装饰分部和主体分部工程等级必须达到优良，并注意是否有定为合格的分项，均符合要求才能计算分部工程项数的优良率。

(2) 质量保证资料核查

质量保证资料核查的目的是强调装饰工程中主体结构、设备性能、使用功能方面主要技术性能的检验。虽然每个分项工程都规定了保证项目，并提出了具体的性能要求，在分项工程质量检验评定中，对主要技术性能进行了检验，但由于它的局限性，对一些主要技术性能不能全面、系统地评定。因此，需要通过检查单位工程的质量保证资料，对主要技术性能进行系统地、全面地检验评定。如一个歌剧院对声音的混响时间要求比较严格，只有在表面装饰全部完成，排椅、座位安装完毕后，才能进行数据测试和调整。另外，对一个单位工程全面进行技术资料核查检验，还可以防止局部出现错误或漏项。

质量保证资料对一个分项工程来讲，只有符合或不符合要求，不分等级。对一个装饰工程就是检查所要求的技术资料是否基本齐全。所谓基本齐全，主要是看其所具有的资料能否反映出主体结构是否安全和主要使用功能是否达到设计要求。

在质量保证资料核查内容上，各地区均有相应的规定，主要是核查质量保证资料是否齐全，内容与标准是否一致，质量保证资料是否具有权威性，质量保证资料的提供时间是否与施工进度同步。

(3)　观感质量评定

观感质量评定是在工程全部竣工后进行的一项重要评定工作，它是全面评价一个单位工程的外观及使用功能质量，并不是单纯的外观检查，而是实地对工程进行一次宏观的全面的检查，同时也是对分项工程、分部工程的一次核查，由于装饰具有时效性，有的分项工程在施工后立即进行验评可能不会出现问题，但经过一段时间(特别是经过冬季或雨季，北方冬季干燥，雨季空气潮湿)，当时不会出现的问题以后可能会出现。

(4)　具体检查方法

①　确定检查数量。室内装饰工程按有代表性的自然间抽查 10%(包括附属间及厅道等)，室外和屋面要求全数检查(指各类不同做法的各种房间，如饭店客房改造的标准间、套间、服务员室、公共卫生间、走道、电梯厅、餐厅、咖啡厅、商场及体育娱乐服务设施用房等)。检查点或房间的选择方法，应采取随机抽样的方法"进行，一般在检查之前，在平面图上定出抽查房间的部位，按既定说明逐间进行检查。选点应注意照顾到代表性，同时突出重点。原则上是不同类型的房间均应检查，室外全数检查，采用分若干个点进行检查的方法。一般室外墙面项目按长度每 10m 左右选一个点，通常选 8~10 个点，如"一字形"排列。建筑前后大墙面上各 4 个点，两侧山墙上各 1 个点，每个点一般为一个开间或3m 左右。

②　确定检查项目。以建筑装饰工程外观的可见项目为检查项目，根据各部位对工程质量的影响程度，所占工作量或工程量大小等综合考虑和给出标准分值。实际检查时，每个工程的具体项目都不一样，因此首先要按照所检查工程的实际情况，确定检查项目，有些项目中包括几个分项或几种做法，不便于全面评定，此时可根据工程量大小进行标准分值的再分配，分别进行评定。

③　进行检验评定。首先，确定每一检查点或房间的质量等级并做好记录，检查组成

员要对每一检查点或房间经过协商共同评定质量等级，其质量指标可对应分项工程项目标准规定，对选取的检查点逐项进行评定。其次，统计评定项目等级并在等级栏填写分值，在预先确定的检查点或房间都检查完之后，进行统计评定项目的评定等级工作。先检查记录各点或房间都必须达到合格等级或优良等级，然后统计达到优良点或房间的数据，当检查点或房间全部达到合格，其中优良点或房间的数量占检查处(件)20%以下为四级，打分为标准分的70%；有20%～49%的处(件)达到质量检验评定的优良标准者，评为三级，打分为标准分的80%；有50%～79%的处(件)达到质量检验评定的优良标准者，评为二级，打分为标准分的90%；有80%的处(件)达到质量检验评定的优良标准者，评为一级，打分为标准分的100%；如果有一处(件)达不到"合格"的规定，该项目定为五级，打零分。

④ 计算得分率　得分率计算公式为

$$得分率 = 实得分 / 应得分 \times 100\%$$

将所查项目的标准分相加或将表中该工程没有项目的标准分去掉，得出所查项目标准分的总和，即为该单位工程观感质量评分的应得分；将所查项目各评定等级所得分值进行统计，然后将评定的等级得分进行汇总，即为该单位工程观感质量评分的实得分。

将得分率与单位工程质量等级标准得分率相对照，看该单位工程属于哪个质量等级，再看这个质量等级是否满足合同要求的质量等级，满足合同要求便可验收签认；否则应分析原因，找出影响因素进行处理。

考虑到观感评分受评定人员技术水平、经验等主观因素影响较大，质量观感评定由三人以上共同进行。最后将以上验收结果填入单位工程质量综合评定表。

2) 单位工程检验评定等级

装饰单位工程质量检验评定的等级，可分为"合格"和"优良"两个等级。

(1) 合格

单位工程所包含的分部工程均应全部合格；其质量保证资料应基本齐全；观感质量的评定得分率达到70%及其以上。

(2) 优良

单位工程所包含的分部工程质量应全部合格，其中有50%及其以上为优良，建筑工程必须含主体结构和装饰分项工程。对于以建筑设备安装工程为主的单位工程，其指定的分部工程必须全部优良；其质量保证资料应基本齐全；观感质量的评定得分率达到85%及其以上。

5. 建筑装饰工程质量验收

1)　工程质量的验收

工程质量的验收是按照工程合同规定的质量等级，遵循现行的质量检验评定标准，采用相应的手段，对工程分阶段进行质量的认可。一般可分为隐蔽工程验收、分项工程验收、分部工程验收和单位工程竣工验收。

(1)　隐蔽工程验收

隐蔽工程是指那些在施工过程中，上一道工序的工作结束，被下一道工序所掩盖，再也无法复查的部位。如柱基础、钢筋混凝土中的钢筋、防水工程的内部、地下管线等。因此，对于这些工程要在下一道工序施工以前，质量管理人员应及时请现场监理人员按照设计要求和施工规范，采用一定必要的检查工具，对其进行检查与验收。如果符合设计要求及施工规范规定，应及时签署隐蔽工程记录手续，以便进行下一道工序的施工。同时，将隐蔽工程记录交承包单位归入技术档案，作为单位工程竣工验收的技术资料；如不符合有关规定，监理人员应以书面形式告诉承包单位，并限期处理，处理符合要求后，监理人员再进行隐蔽工程的验收与签证。

隐蔽工程的验收工作，通常是结合施工过程中的质量控制实测资料、正常的质量检查工作及必要的测试手段来进行，对于重要部位的质量控制，可用摄影以备查考。

(2)　分项工程验收

对于重要的分项工程，由监理工程师按照工程合同的质量等级要求，根据该分项工程施工的实际情况，参照前述的质量检验评定标准进行验收。

在分项工程验收中，必须严格按有关验收规范选择检查点数，然后计算出检验项目和实测项目的合格或优良百分比，最后确定出该分项工程的质量等级，从而确定能否验收。

(3)　分部工程验收

在分项工程验收的基础上，根据各分项工程质量验收结论，参照分部工程质量标准，便可得出该分部工程的质量等级，以此可决定是否可以验收。

另外，对单位或分部土建工程完工后转交安装工程施工前，或其他中间过程，均应进行中间验收。承包单位得到监理工程师中间验收认可的凭证后，才能继续施工。

(4)　单位工程竣工验收

在分项工程和分部工程验收的基础上，通过对分项、分部工程质量等级的统计推断，再结合直接反映单位工程结构及性能质量的质量保证资料核查和单位工程观感质量评判，便可系统地核查结构是否安全，是否达到设计要求；结合观感等直观检查，对整个单位工程的外观及使用功能等方面质量作出全面的综合评定，从而决定是否达到工程合同所要求的质量等级，进而决定能否验收。

2) 质量验收的程序及组织

(1) 生产者自我检查是检验评定和验收的基础

《建筑安装工程质量检验评定统一标准》(GB 50300—2001)规定，分项工程质量应在班组自检的基础上，由单位工程质量负责人组织有关人员进行评定，专职质量检查员核定。根据规范要求，结合目前大多数装饰公司的实际情况，要求施工的工人班组在施工过程中严格按工艺规程和施工规范进行施工操作，并且边操作班组长边检查，发现问题及时纠正。这种检查人们常称为自检、互检。在班组长自检合格的基础上由项目负责人组织工长、班组长对分项工程进行质量评定，然后由专职质量检查员按规范标准进行核定；达到合格及其以上标准，组织下道工序施工的班组进行交接检查接收。

自检、互检是班组在分项工程或分部工程交接(分项完工或中间交工验收)前，由班组先进行自我检查；也可以是分包单位在交给总包单位之前，由分包单位先进行的检查；可以是某个装饰工程完工前由项目负责人组织本项目各专业有关人员(或各分包单位)参加的质量检查；还可以是装饰工程交工前由企业质量部门、技术部门组织的有部分外单位参加的(如业主监理单位)预验收。对装饰工程观感和使用功能等方面出现的问题或遗留问题应及时进行记录，及时安排有关工种进行处理。经实践证明，只要真正做好"三检制"，层层严格把关就能保证项目达到标准要求。

(2) 检验评定和验收组织及程序

① 质量检验评定与核定人员的规定 《建筑安装工程质量检验评定统一标准》(GB 50300—2001)规定，分项工程和分部工程质量检查评定后的核定由专职质量检查员进行。当评定等级与核定等级不一致时，应以专职质量检查员核定的质量等级为准。这里所指的专职质量检查员，不是由项目经理在项目班子里随便指定一个管施工质量的人，专职质量检查员应是具有一定专业技术和施工经验，经建设主管部门培训考核后取得质量检查员岗位证书，并在施工现场从事质量管理工作的人员，他所进行的核定是代表装饰企业内部质量部门对该部分的质量验收。

② 检验评定组织。建筑装饰工程检验评定组织者，按照《建筑安装工程质量检验评定统一标准》规定，分项工程和分部工程质量等级由单位工程负责人(项目经理)或相当于施工队一级(项目经理部)的技术负责人组织评定，专职质检员核定。单位工程质量等级由装饰企业技术负责人组织，企业技术质量部门、单位工程负责人、项目经理、分包单位、

相当于施工队一级(项目经理部)的技术负责人等参加评定，质量监督站或主管部门核定质量等级。

单位工程如果是由几个分包单位施工时，其总包单位对工程质量全面负责，各分包单位应按相应质量检查评定标准的规定，检验评定所承包范围内的分项工程和分部工程的质量等级，并将评定结果及资料交总包单位。

思 考 题

1. 什么是工程质量管理？工程质量主要包括哪些内容？

2. 质量管理的发展经历了哪几个阶段？

3. 什么是全面质量管理？全面质量管理有哪些基本观点？

4. 全面质量管理的任务和基本方法？需要做好哪些基础工作？

5. 什么是质量保证体系？装饰工程质量保证体系主要包括哪些内容？

6. 建立质量保证体系主要应做好哪些工作？

7. 质量认证有哪些程序？

8. 简述分项工程、分部工程和单位工程检验评定的内容。

9. 简述建筑装饰工程质量验收的组织与程序。

第9章 装饰工程的安全管理与环境保护

内容提要

本章主要介绍装饰工程安全管理的基本概念、安全管理的基本原则、安全管理的措施、对伤亡事故的处理程序等；同时讲述了装饰工程环境保护的重要性、国家对工程建设环境保护的有关规定和施工现场及装饰用材的环境保护管理。通过对本章内容的学习，切实重视施工安全问题和环境保护，牢固树立"安全第一"和"环保"意识。

技能目标

- 了解建筑装饰工程施工安全管理的基础知识。
- 掌握施工安全事故产生的原因及类型，施工安全管理措施。
- 了解工程环境保护的有关规定。
- 掌握建筑装饰工程施工现场及材料环境保护知识。

项目案例导入

随着全国建筑装饰工程的日益发展，在装修工程的质量、进度、费用方面已经得到了很好的保证，相对于安全施工与环境保护方面则比较薄弱。本章结合建筑装饰工程的施工现状，从安全施工与环境保护两个方面重点阐述抓好装饰工程安全环保工作的重要性和必要性。

9.1 建筑装饰工程安全概述

【学习目标】

了解建筑装饰工程施工安全管理的基础知识；掌握施工安全事故产生的原因及类型；掌握施工安全管理措施。

建筑装饰产品的生产具有劳动者密集、手工操作多、高空作业多、露天作业多、现场环境复杂、劳动条件差、劳动强度大等特点，在施工过程中出现不安全事故频率高。因此，在组织建筑装饰施工时，要加强对施工项目的安全管理，认真从技术上、组织上采取一系列措施，防患于未然。

1. 安全管理概述

施工项目安全管理，就是施工项目在施工过程中，组织安全生产的全部管理活动。通过对生产因素具体的状态控制，使生产因素不安全的行为和状态尽量减少或消除，不引发人为事故，尤其不引发使人受到伤害的事故。

安全生产是施工项目重要的控制目标之一，它关系到施工企业的经济效益和施工企业的形象，也是衡量施工企业管理水平的重要标志。因此，在工程施工的过程中，必须把施工项目的安全管理当作组织施工活动的重要任务。

安全管理的中心任务，是按照国家和有关部委关于安全生产的法规，保护在生产活动中人的安全与健康，保证施工活动的顺利进行。宏观的安全管理，主要包括劳动保护、安全技术和劳动卫生三个方面，三者之间既相互联系，又相互独立。

(1) 劳动保护管理

劳动保护管理从立法上和组织上研究劳动保护的科学管理办法，以确保劳动者在劳动生产过程中的安全和健康为目的的各种组织措施。其主要侧重于政策、规程、条例、制度、规范等方面。

(2) 安全技术管理

安全技术管理是研究以防止劳动者在劳动生产中发生工伤事故为目的的各种技术措施，其侧重于对 "劳动手段和劳动对象" 的管理，主要包括预防伤亡事故的工程技术和安全技术规范、技术规定、标准、条例等。

(3) 劳动卫生管理

劳动卫生管理是研究以防止劳动者在劳动生产的过程中发生职业中毒和职业病危害，保护劳动者身体健康为目的的各种组织技术措施。如对生产过程中的高温、粉尘、振动、噪声、毒品的管理。

从生产管理的角度，安全管理可概括如下：在进行生产管理的同时，通过采用计划、组织、技术等手段，依据并适应生产中人、物、环境因素的运动规律，使其积极方面充分发挥，而又利于控制事故不至于发生的一切管理活动。

2. 安全管理的基本原则

建筑装饰工程安全管理，是建筑装饰施工企业生产管理的重要组成部分，是一门复杂而综合性强的系统科学。安全管理的对象是生产过程中一切人、物、环境的状态管理与控制，实质上是一种动态管理。

施工现场的安全管理，主要是组织实施安全管理的规划，指导、检查和决策施工过程中的安全工作；同时，又要保证工程施工处于最佳安全状态。施工现场安全管理的具体内容，大体可归纳为安全组织管理、场地与设施管理、行为控制管理和安全技术管理四个方面，分别对生产过程中的人、物、环境的行为状态，进行具体的管理与控制。为有效地将生产因素的状态控制好，在实施安全管理的过程中，必须正确处理好五种关系，坚持六项安全管理的基本原则。

1) 安全管理的五种关系

建筑装饰施工企业安全管理的五种关系，主要包括安全与危险的关系、安全与生产的关系、安全与质量的关系、安全与速度的关系和安全与效益的关系。

(1) 安全与危险的关系

安全与危险是一对矛盾的事物，在同一事物的运动中既相互对应又相互依赖而同时存在。因为在生产的过程中时时刻刻都存在着危险性，所以才需要反复强调加强安全管理，时刻防止危险的出现。因此，安全与危险的关系，两者并非等量存在、平静相处，随着事物的运动变化，安全与危险每时每刻都在变化着，不仅进行着此弱彼强的激烈斗争，而且事物的状态将向斗争胜利的一方倾斜。由此可见，在任何事物的运动中，都不会存在绝对的安全与危险。

危险因素是客观存在于事物的运动之中，经过认真分析是可知的，采取多种有效预防措施，危险因素是完全可以控制的。

(2) 安全与生产的关系

生产是人类社会生存和发展的基础。如果在生存中人、物、环境都处于危险状态，则生产将无法进行。因此，安全是生产的客观要求，当生产活动完全停止，安全也就失去意义。就生产的目的性来说，组织好安全生产就是对国家、社会和生产者的最大负责，也是对社会作出的贡献。

生产有了可靠的安全保障，事业才能持续、稳定地发展。如果在生产活动中事故层出不穷，生产必然陷入混乱，甚至瘫痪状态。所以，当生产与安全发生矛盾时，特别是危及国家利益和职工生命时，必须立即停止生产活动，在消除危险因素后再进行生产。"生产必须安全、安全促进生产"，必须牢记这一安全的方针。

(3) 安全与质量的关系

从广义上讲，质量包含着安全工作质量，安全概念也包含着质量，二者密切相关，互为因果。平常所讲的"质量第一"、"安全第一",就明确地表示了二者的密切关系和重要性。

"安全第一"是从保护生产因素的角度提出的,"质量第一"是从产品质量的角度强调的。安全为质量服务,质量需要安全保证,如果在生产过程中忽视任何一个方面,都将处于失控状态。由此可见,"质量第一"和"安全第一"并不矛盾。

(4)　安全与速度的关系

在确保工程质量的前提下,加快工程的施工速度,可以提高施工企业的经济效益,及早发挥建筑物的作用。但是,速度应以安全为保障,没有安全可靠的施工环境,不可能提高生产效率。无数工程事实证明,生产的盲目蛮干、乱干,可能在侥幸中求得快速度,由于缺乏科学性和安全性,很容易酿成事故,工程施工不仅无速度而言,反而会延误时间,造成更大的损失。

"安全就是速度"、"安全与速度成正比例关系",这是工程实践得出的经验。一味强调速度,置安全于不顾的做法,是极其有害的。因此,当速度与安全发生矛盾时,暂时减缓施工速度,确实保证安全,才是正确的做法。

(5)　安全与效益的关系

安全技术措施的实施,必然会改善劳动条件,调动广大职工的积极性,提高生产效率,带来良好的经济效益,足以使安全技术措施的投入得以回报。从这个意义上讲,安全与效益是完全一致的,安全可以促进效益的增长。

但是,在施工安全管理中,对安全技术措施的投入要适度、适当,要精打细算,统筹安排。既要保证安全生产,又要达到经济合理,还要考虑力所能及。单纯为了追求经济效益,而忽视安全生产,或单纯为了追求安全生产,而盲目达到安全生产的高标准,都是错误的做法。

2)　安全管理的六项原则

安全管理是一项非常重要、极其复杂的工作,在具体安全管理的过程中,应当坚持以下六项基本原则。

(1)　坚持安全与生产管理并重的原则

安全管理寓于生产管理之中,它对生产发挥着保证与促进作用。在建筑工程整个管理的过程中,安全与生产虽然有时会出现一定的矛盾,但从安全管理与生产管理的目标来看,两者表现出高度的一致和完全的统一。

国务院在《关于加强企业生产中安全工作的几项规定》中明确指出,"各级领导人在管理生产的同时，必须负责管理安全工作。""企业中各有关专职机构，都应该在各自业务范围内，对实现安全生产的要求负责。"

管生产同时管安全，安全与生产管理并重，不仅是对各级领导人明确了安全管理责任，同时也向一切与生产有关的机构、人员明确指出，都必须参与安全管理并在管理中承担责任。从以上可以看出，安全管理是生产管理的重要组成部分，安全与生产在实施管理的过程中，两者存在着密切的联系，存在着共同管理的基础。

(2) 坚持安全管理具有目的性的原则

前面已经讲过，所谓安全管理，是对生产中的人、物、环境因素状态的管理，有效地控制人的不安全行为和物的不安全状态，消除或避免事故。安全管理的目的，就是保护劳动者的安全与健康。

施工企业在制定安全管理计划时，要根据有关法律、法规、条例和规程的规定，结合工程和本施工企业的实际，明确安全管理的目的，采取切实可行的安全技术措施，保证工程安全施工、顺利进行。没有明确目的的安全管理，是一种盲目的行为；盲目的安全管理，危险因素依然存在，只能纵容威胁人的安全与健康的状态，向更为严重的方向发展或转化。

(3) 坚持安全管理"预防为主"的原则

我国安全生产的基本方针是"安全第一、预防为主"，这是一个统一体的两个方面。"安全第一"是从保护生产力的角度和高度出发，表明在生产范围内安全与生产的关系，强调安全在生产活动中的重要性。

贯彻"预防为主"，首先要端正对生产中不安全因素的认识，端正消除不安全因素的态度，选准消除不安全因素的时机。在安排施工任务时，要针对生产中可能出现的不安全因素，采取积极的预防措施并予以消除，这是安全管理的最佳选择。在生产活动中，科学预测、经常检查、及早发现、及时消除不安全因素，是安全管理应有的鲜明态度。

(4) 坚持安全管理重在控制的原则

进行安全管理的目的，是为了预防、消除不安全因素，防止工伤事故的发生，保护劳动者的安全与健康。在安全管理的主要内容中，所有内容都是为了达到安全管理的目的，但是对生产因素的控制，与安全管理的目的关系更直接，显得更为突出。因此，对生产中的人的不安全行为和物的不安全状态的控制，必须作为动态的安全管理的重点。从众多发生的事故来看，发生事故是由于人的不安全行为运动轨迹与物的不安全状态运动轨迹的交叉。因此，对生产因素状态的控制，应当作为安全管理的重点，而不能把约束当成安全管理的重点。

(5) 坚持安全管理"四全"管理的原则

生产安全管理涉及生产活动中的各个方面,涉及从开工到竣工交付使用的全部生产过程,涉及工程施工的全部生产时间,涉及生产过程中的一切变化着的生产因素。因此,在整个生产活动中,必须坚持全员、全过程、全方位、全天候(简称 "四全")的动态安全管理。

生产安全管理,是一个复杂的系统工程。在"四全"管理中,全员管理是安全管理中最重要的管理。安全管理不只是少数人和专门的安全机构的事,而是一切与生产活动有关的所有人员的大事。缺乏全员的参与,安全管理工作根本无法全面展开,也不会出现好的管理效果。

(6) 坚持在管理中发展和提高的原则

安全管理是在变化着的生产活动中的管理,其不安全因素随着生产因素的变化而变化。所以,安全管理是一种动态管理,安全管理的过程就意味着是不断发展的、不断变化的,只有在管理中发展和提高,才能适应变化的生产活动,消除新的不安全因素,摸索出安全管理的新规律,总结出安全管理的新办法,从而使安全管理不断上升到新的高度。

3. 安全管理的措施

装饰工程安全管理是为施工项目实现安全生产而开展的管理活动。施工现场的安全管理,重点是进行人的不安全行为和物的不安全状态的控制,落实安全管理的决策和预定的安全管理目标,以消除一切不安全因素和事故,减少工程不必要的损失。

装饰工程安全管理措施是安全管理的方法和手段,安全管理的重点是对生产各因素的约束与控制。根据建筑装饰工程施工生产的特点,其安全管理措施具有鲜明的行业特色。归纳起来,建筑装饰施工生产的安全管理措施,主要有以下几个方面。

1) 落实安全责任、实施责任管理

在装饰工程施工的过程中,施工企业承担着控制、管理装饰施工生产进度、成本、质量、安全等目标的责任,这是一个有机的整体,不可分割。因此,落实安全责任、实施责任管理,是实现安全生产的一项重要任务。

(1) 建立强有力的安全管理组织

建立强有力的安全管理组织,是落实安全责任、实施责任管理的关键,是进行安全管理的组织保证,是专门负责安全管理的机构。每一个施工企业,都要建立、完善以项目经理为首的安全生产领导组织,配备思想素质高、业务能力强的干部,专门负责安全生产管理工作,有计划、有步骤地开展安全管理活动,实现安全生产的管理目标。

(2) 制定安全生产责任制度

安全生产责任制是企业各级领导、职能部门、工程技术人员、岗位操作人员在劳动生产过程中层层应负责安全责任的一种制度。它是企业岗位责任制的重要组成部分，也是企业劳动保护管理的核心。

制定安全生产责任制度，明确施工企业各级人员的安全责任，切实抓好制度落实和责任落实，是搞好安全管理的重要措施。制定安全生产责任制度，具体表现在以下几个方面。

① 建立、完善以项目经理为首的安全生产领导组织，项目经理应对装饰工程施工过程中的安全工作负全责，在布置、检查、总结生产时，同时布置、检查、总结安全工作，有组织、有领导地开展安全管理活动。绝不能只挂帅，而不具体负责。

② 建立、健全安全管理责任制，明确各级人员的安全责任，这是搞好安全管理的基础。从项目经理到一线工人，安全管理做到纵向到底，一环不漏；从专门管理机构到生产班组，安全生产做到横向到边，层层有责。

③ 施工项目应通过监察部门的生产资质审查，这是确保安全生产的重点。一切从事生产管理与操作的人员，应当依照其从事的生产内容和工种，分别通过企业、施工项目的安全审查，取得安全操作许可证，进行持证上岗。特种工种的作业人员，除必须经企业的安全检查外，还需按规定参加安全操作考核，取得监察部门核发的安全操作合格证。

④ 一切参与装饰工程施工的管理人员和操作人员，都要与施工项目签订安全协议，向施工项目作出安全的书面保证。

⑤ 安全生产责任制落实情况的检查，应当认真、详细地记录，作为重要的技术资料存档。

⑥ 施工项目负责施工生产中物的状态审验与认可，承担物的状态漏验、失控的管理责任，接受由此而出现的经济损失。

2) 进行安全教育与安全培训

认真搞好安全教育与安全培训工作，是安全生产管理工作的重要前提。通过安全教育与安全培训，能增强人的安全生产的意识，提高安全生产的知识，有效地防止人的不安全行为，减少人为的失误。因此，安全教育、安全培训是进行人为的行为控制的重要方法和手段。进行安全教育，要高度重视、内容合理、方式多样、形成制度、注重实效；进行安全培训，要严肃、严格、严密、严谨，绝不能马虎从事。

(1) 安全教育的主要内容

① 新工人三级安全教育。新工人入厂三级安全教育，是指对新入厂的工人必须接受

公司、工程处和施工队(班组)三级的安全教育。教育的内容包括安全技术知识、设备性能、操作规程、安全制度和严禁事项等。新工人经过三级安全教育考试合格后，方可进入操作岗位。

② 特殊工种的专门教育。特殊工种的专门教育，是指对特殊工种的工人，进行专门的安全技术教育和训练。特殊工种不同于其他一般工种，它在生产过程中担负着特殊的任务，工作中危险性大，发生事故的机会多，一旦发生事故对企业的生产影响较大。所以，在安全技术方面必须严格要求。这是保证安全生产、防止伤亡事故的重要措施。特殊工种的工人必须按规定的内容和时间进行培训，然后经过严格的考试，取得合格证书后，才能准予独立操作。

③ 经常性安全生产教育。经常性安全生产教育，可根据施工企业的具体情况和实际需要，采取多种形式进行。如开展安全活动日、安全活动月、质量安全年等活动，召开安全例会、班前班后安全会、事故现场会、安全技术交底会等各种类型的会议，利用广播、黑板报、工程简报、安全技术讲座等多种形式进行宣传教育工作。

(2) 安全教育的注意事项

① 安全教育要突出"全"字。安全生产是整个企业的事情，牵连到每一个职工的思想和行动。因此，安全生产的宣传教育工作应当是全员的、全过程的、全面的进行，宣传教育面必须达到100%，使企业各级领导都重视安全生产教育，职工人人接受安全生产教育，真正做到安全生产知识家喻户晓、人人皆知。

② 安全生产教育要突出效果。通过安全生产教育，增强企业全体职工的安全生产意识，实现装饰施工全过程的安全生产，这是安全生产教育的目的和达到的效果。安全生产教育要想取得预期的效果，必须抓好以下三个步骤。

第一步是全面传授安全生产知识，这是解决"知"的问题。选择的安全生产教育内容，一定要具有针对性、及时性和适用性。第二步是使职工掌握安全生产的操作技能，把掌握的知识运用到实际工作中去，这是解决"会"的问题。第三步是经常对职工进行安全生产的态度教育，即安全生产教育常抓不懈，形成制度，提高职工安全生产的自觉性，使每个职工在日常的施工中，处处、事事、时时都认真贯彻执行安全生产的有关规定。

③ 安全教育要抓落实抓考核 这是安全生产教育能否取得良好效果的保证和基础。只有口头的宣传和布置，而无具体的措施抓落实、抓考核，安全生产将成为一句空话。施工企业的各级领导要切实抓好这一关键性的环节，建立安全生产考核检查办法，组织强有力的安全生产的监督检查机构，形成落实安全生产的系统网络，使安全生产教育真正起到

应有的作用。

3) 进行经常性的安全检查

进行经常性的安全检查，是发现和消除不安全行为和不安全状况的重要途径，是消除事故隐患、落实安全整改措施、防止事故伤害、改善劳动条件的重要方法。安全检查的形式有普遍检查、专业检查和季节检查。

(1) 安全检查的内容

安全检查的内容主要包括查管理、查制度、查现场、查隐患、查落实、查事故处理及与安全有关的内容。

① 装饰施工项目的检查以自检形式为主，应对装饰施工项目的生产过程、各个生产环节的全面检查。检查的重点以劳动条件、生产设备、现场管理、安全卫生设施以及生产人员的行为为主。当发现有不安全因素和行为时，应立即采取得力措施，果断地加以制止和消除。

② 各级生产的组织者，在全面安全检查的过程中，通过对作业环境状态和隐患的检查，应对照安全生产的方针和政策是否得到贯彻落实，有无违背国家有关安全生产的地方。

③ 对安全管理的检查主要注意以下几方面。

安全生产是否提到议事日程上，各级安全负责人是否坚持"五同时"(指在计划、布置、检查、总结、评比生产工作的同时，要计划、布置、检查、总结、评比安全生产工作)。

业务职能部门、人员，是否在各自业务范围内落实了安全生产责任制；专职安全人员是否坚持工作岗位，是否履行自己的职责。

安全生产教育是否落实，教育效果是否良好。工程技术和安全措施是否结合为一个统一体，作业标准化实施情况。安全控制措施是否有力，控制是否到位，在生产过程中有哪些消除管理存在差距的措施。

(2) 安全检查的组织

① 建立严格的安全检查制度，并根据安全检查制度中的要求，对制度中规定的规模、时间、原则、处理等方面的落实情况，进行全面、认真的检查。

② 检查安全检查组织是否健全，是否成立了以项目经理为第一责任人，由业务部门、专职安全检查人员参加的安全检查组织。

③ 检查组织在实施安全管理工作中，是否做到了有计划、有目的、有准备、有整改、有总结、有处理。

(3) 安全检查的准备

安全检查工作是一项要求很高的细致性工作，在进行安全检查之前，必须做好充分的准备工作，其主要包括思想准备和业务准备两个方面。

① 思想准备。发动施工企业全体职工开展安全自检，自我检查与制度检查相结合，形成自检自改、边检边改的良好习惯。使全体职工在发现危险因素方面得到提高，在消除危险因素中受到教育，从安全检查中得到锻炼。

② 业务准备。安全检查的业务准备，主要包括：确定安全检查的目的、步骤、方法和内容，成立相应的安全检查组织，安排具体的检查日程；分析事故资料，确定检查的重点，把主要精力侧重于事故多发的部位和危险工种的检查；规范检查记录用表，使安全检查逐步纳入科学化、规范化的轨道。

(4) 安全检查的方法

安全检查的基本方法，在建筑装饰工程中常用的方法有一般检查方法和安全检查表法两种。

① 一般检查方法。一般检查方法，就是采用"看、听、嗅、问、测、析"等手段检查的方法。"看"：即看现场环境和作业条件，看实物和实际操作，看记录和资料等；"听"：听汇报、听介绍、听反映、听意见、听批评、听机械设备的运转响声或承重物发出的微弱声等；"嗅"：对挥发物、腐蚀物、有毒气体等，用嗅觉进行辨别；"问"：深入生产第一线，对影响安全生产的问题，进行调查研究，详细询问，寻根究底；"查"：查问题，即查明问题，查对数据，查清原因，追究责任；"测"：即对有关安全的因素，进行测量、测试、监测；"析"：即分析安全事故的原因、隐患所在。

② 安全检查表法。这是一种原始的、初步的定性分析的方法，它通过事先拟订的安全检查明细表或清单，对安全生产的状况进行初步的分析、判断和控制。

安全检查表通常包括：检查项目(如安全生产制度、安全教育、安全技术、安全检查、安全业务工作、作业前检查、作业中检查、作业后检查等)，检查内容(如安全教育可包括：新工人入厂的三级教育是否坚持，特殊工种的安全教育坚持得如何，对工人日常安全教育进行得怎样，各级领导干部是怎样进行安全教育的)，检查的方法或要求(如安全教育中的"三级教育"主要包括：是否有教育计划、有内容、有记录、有考核或有考试)，存在问题，改进措施，检查时间，检查人等内容。

(5) 安全检查的形式

采取何种安全检查形式应当根据工程的实际和企业安全生产的情况而定。安全检查的形式，一般可分为定期安全检查、突击性安全检查和特殊安全检查三种。

① 定期安全检查。定期安全检查，指列入安全管理活动计划，间隔一定时间的规律性安全检查，这是一种常规检查。定期检查的周期，施工项目的自检一般控制在 10～15 天。班组的自检必须坚持每日检查制度。季节性、专业性安全检查，按规定要求确定检查日期。

② 突击性安全检查。突击性安全检查，指无固定检查周期，对特别部门、特殊工种、特殊设备、小区域的安全检查。这种检查形式没有规定具体的时间、内容和次数，应根据工程实际和施工具体情况，由安全组织机构确定。

③ 特殊安全检查。对预料中可能会带来新的危险因素的新安装的设备、新采用的工艺、新建或改建的工程项目，投入使用前，以发现危险因素为专题的安全检查，称为特殊安全检查。

特殊安全检查还包括对有特殊安全要求的手持电动工具、电气、照明设备、通风设备、有害有毒物、易燃易爆危险品的储运设备的安全检查。

4) 实行作业标准化

在建筑装饰工程的施工过程中，具体操作者产生的不安全行为主要有：由于不知道正确的操作方法而发生操作错误，或为了单纯地追求施工速度而省略了必要的操作步骤，或坚持自己的操作习惯等原因所占的比例较大。用科学的作业标准化规范人的行为，是克服和消除不安全因素的重要措施，既有利于控制人的不安全行为，又有利于提高建筑装饰工程的质量。由此可见，实行作业标准化，是建筑装饰工程安全管理的重要组成部分。在实行作业标准化时，应当注意以下方面。

(1) 制定作业标准

制定作业标准，是实施作业标准化的首要条件。除按照国家和有关部委颁布的操作规程生产外，施工企业也要根据本企业的实际和工程项目的特点，制定切实可行的作业标准。

① 采取技术人员、管理人员、生产操作者三结合的方式，根据操作的具体条件制定作业标准，并坚持反复实践、反复修订、群众认可的原则。

② 制定的作业标准明确规定操作程序、具体步骤、怎样操作、操作的质量标准、操作阶段的目的、完成操作后的状态等内容。

③ 制定的作业标准，尽量使操作简单化、专业化，尽量减少使用工具、夹具的次数，以降低对操作者的施工工序的要求，使作业标准尽量减轻操作者的精神负担，以便集中精力按作业标准进行生产。

④ 作业标准必须符合生产和作业环境的实际情况，不能把作业标准通用化，不同的

作业条件的作业标准应有所区别。

(2) 作业标准必须实用

制定的作业标准必须考虑到人的身体运动特点和规律，作业场地布置、使用工具设备、操作幅度等方面，应符合人体学的要求。

① 操作者在生产过程中，尤其是在高空作业时，要避免不自然的操作姿势和重心的经常移动，动作要有连贯性，自然节奏强。如不出现运动方向的急剧变化，动作不受到过大的限制，尽量减少用手和眼的操作次数，肢体的动作尽量小。

② 施工场地的布置，必须考虑道路、照明、水电、通风的合理分配，机械设备、料物、工具的位置要方便作业。在这方面必须考虑以下几点：人力移动物体时，尽量限于水平方向的移动，尽量避免垂直方向的移动。机械的操作部分，应安排在正常操作范围之内，防止增加操作者的精神和体力的负担。操作工作台、座椅的高度，应与操作要求、人的身体条件匹配。尽量利用起重机械移动物体，改善操作者的劳动条件。

③ 反复训练，达到熟练操作。反复训练，使操作者熟中生巧，是避免工伤事故的重要措施。在训练中要讲求方法和程序，应以讲解示范为主，符合重点突出、交代透彻的要求。

在训练中要边训练、边作业、边纠偏，使操作者经过训练达到有关要求。若经过多次纠正偏向，仍不能达到操作要求的，或还不能独立操作的，不得在装饰工程施工中正式上岗，必须继续进行训练，直到完全合格为止。

4. 装饰施工安全管理中的技术工作

建筑装饰施工安全管理工作，是一项技术性很强、要求很高的工作。在施工安全管理中，必须做好以下几个方面的工作。

1) 保证施工现场安全生产

保证施工现场的安全生产，是加快工程进度、保证工程质量、降低工程成本的关键。施工企业的全体职工，必须在保证施工现场安全生产方面严肃认真对待。为保证施工现场的安全生产，应当做到以下几点。

① 进入施工现场的所有作业人员，必须认真执行和遵守安全技术操作规程。

② 各种施工机具设备、建筑装饰材料、预制构件、临时设施等，必须按照施工平面图进行布置，保证施工现场道路和排水畅通。

③ 按照施工组织设计的具体安排，形成良好的施工环境和协调的施工顺序，实现科学、文明、安全施工。

④　施工现场的高压线路和防火设施，要符合供电部门和公安消防部门的技术规定，设施应当完备可靠，使用方便。

⑤　根据工程的实际需要，施工现场应做好可靠的安全防护工作，以及各种安全设备的标志，确保作业的安全。

2)　预防高空坠落和物体打击事故

高空坠落和物体打击，是施工现场经常发生的一种事故。尤其是建筑装饰工程向着高层和超高层发展后，发生高空坠落和物体打击事故将更加容易。因此，预防高空坠落和物体打击事故，是施工现场安全管理中的一项重要任务。必须做到以下几点。

①　保证高空作业的脚手架、工作平台、斜道、栏杆、跳板等设施的刚度、强度和稳定性。

②　在多层或高层建筑装饰施工时，必须按规定设置安全网，在楼梯口、阳台口、电梯口、电梯井口及预留口处，必须安装防护措施。

③　严禁高空作业人员从高处抛掷任何料物，严格监督进入施工现场的人员必须佩戴安全帽，高空作业人员必须系好安全带。

④　在材料、设备和构件吊装施工时，吊具必须可靠牢固，严禁在吊臂下站人，并要设置安全通道。

⑤　不准在8级以上强风或大雪、大雨、雷鸣、雾天从事露天高空作业。

⑥　禁止患有高血压、心脏病等不适于高空作业的人员从事高空作业，特别严禁酒后从事高空作业。

3)　预防发生坍塌事故

建筑装饰工程的坍塌事故，是一种危害较大的事故，易造成人员的伤亡和财产的损坏，施工中必须认真对待，采取有效措施，避免此类事故的发生。根据施工经验，一般应注意以下几个方面。

①　在土石方开挖之前，应根据挖掘深度和地质情况，做好边坡设计或边坡支护工作，并注意做好周围的排水。

②　施工用的脚手架的搭设必须科学合理、可靠牢固，所选用的材料(包括配件)必须符合质量要求。

③　大型模板、墙板的存放，必须设置垫木和拉杆，或者采用插放架，同时必须绑扎牢固，以保持稳定。

④　大型吊装构件在吊装摘吊钩前，必须就位焊接牢固，不允许先摘吊钩、后焊接。

⑤　楼板与墙体的搭接必须符合设计规定，楼板在就位后应及时浇灌混凝土固定，在固定的楼板上不得堆放物品，以防止楼板塌落。

⑥　在安装阳台时，要逐层支设临时支柱，连续支顶不得少于 3 层，阳台板预留钢筋要及时与圈梁钢筋焊接牢固。

4)　预防机械伤害事故

施工机械运转速度较快，很容易出现机械伤害事故，这也是施工安全管理工作中的重要内容。在预防机械伤害事故中，主要应当做到以下几点。

①　必须健全施工机械的防护装置，所有机械的传动带、明齿轮、明轴、皮带轮、飞轮等，都应当设置防护网或防护罩，如木工用的电锯和电刨子等，均应当设置防护装置。

②　机械操作人员，必须严格按操作规程和劳动保护规定进行操作，并按规定佩戴防护用具。

③　各种起重设备，应根据需要配备安全限位装置、起重量控制器、安全开关等安全装置。

④　起重机指挥人员和司机应严格遵守操作规程，司机应当经过岗位培训合格，不得违章作业。

⑤　所有机械设备、起重机具都应当经常检查，定期保养和维修，保证其运转正常、灵敏可靠。

5)　预防发生触电事故

随着施工机械化程度的提高，施工用电也越来越多，发生触电事故的概率也越来越高。因此，预防发生触电事故，是施工安全管理中的一项重要任务。预防发生触电事故，主要应注意以下几个方面。

①　建立健全安全用电管理制度，制定电气设施的安装标准、运行管理、定期检查维修制度。

②　根据编制的施工组织和施工方案，制订出具体的用电计划，选择合适的变压器和输电线路。

③　做好电器设备和用电设施的防护措施，施工中要采用安全电压。

④　设置电气技术专业安全监督检查员，经常检查施工现场和车间的电气设备和闸具，及时排除用电中的隐患。

⑤　有计划、有组织地培训各类电工、电器设备操作工、电焊工和经常与电气接触的人员，学习安全用电知识和用电管理规程，严禁无证人员从事电气作业。

6) 预防发生职业性疾病

由于建筑装饰工程施工具有露天作业多、使用材料复杂、施工条件恶劣等特点，若不注意很容易发生职业性疾病，这也是装饰施工安全管理中十分突出的问题。因此，在预防发生职业性疾病时，应注意以下几个方面。

① 搅拌机应采取密封以及排尘、除尘等措施，以减少水泥粉尘的浓度，使其达到国家要求的标准。

② 提高机械设备的精密度，并采取消声措施，以减少机械设备运转时的噪声。

③ 对从事混凝土搅拌、接近粉尘浓度较大、接近噪声源、受电焊光刺激、强烈日光照射等作业人员，应采取相应的保护措施，并配备相应的防护用品，减少作业人员在烈日下的作业时间，以减少或杜绝日射病、电光性眼炎及水泥尘肺等职业病。

7) 预防中毒、中暑事故

建筑装饰工程使用的材料，有些对于人身是有害的；在炎热的气候条件下作业，也会发生中暑事故。因此，预防出现中毒、中暑事故，也是施工安全管理中的内容之一。

对工程中所使用的毒性材料，应当严格保管使用制度。对毒性材料要有专人管理，实行严格的限额领料和限量使用；对毒性材料的施工，应培训有关人员，并做好防毒措施。

对从事高温和夏季露天作业人员，要采取降温、通风和其他有效措施。对不适宜高温、露天的作业人员应调离其工作岗位。对高温季节露天作业人员，其工作时间应进行适当调，尽量将施工安排在早晨或晚上。

8) 雨季施工的安全措施

雨季施工，是施工难度较大的时期，也给施工安全管理带来很大困难。这是施工安全管理中的重点，应采取以下安全措施。

① 在雨季到来之前，要组织电气管理人员，对施工现场所用的电器设备、线路及漏电保护装置，进行认真的检查维修。对发现的电气问题，应立即进行处理。

② 凡露天使用的电器设备和电闸等，都要有可靠的防雨防潮措施；塔式起重机、钢管脚手架、龙门架等高大设施，应做好防雷保护。

③ 尽量避免在雨季进行开挖基坑或管沟等地下作业，若必须在雨季开挖时，要制定排水方案及防止坍塌的措施。

④ 在风雨之后，应尽快排除积水、清扫现场和脚手架，防止发生滑倒摔伤或坠落事故。

⑤ 雨后应立即检查塔式起重机、脚手架、井字架等设备的地基情况，看是否有下陷

坍塌现象，若发现有下沉要立即进行处理。

5. 装饰施工项目伤亡事故的处理

建筑企业的装饰施工项目，是一个露天生产场，场内进行立体多工种交叉作业，拥有大量的临时设施，经常变化的工作面，除了"产品"固定外，人、机、物都是流动的，施工人员多、不安全因素多，若不重视安全管理，极易引发伤亡事故。对发生的伤亡事故如何正确处理，这是一个严肃的问题。

1) 装饰施工项目伤亡事故的处理程序

装饰施工生产场所发生伤亡事故后，负伤人员或最早发现事故的人员，应立即报告工程项目的领导。项目安全管理人员根据事故的严重程度及现场情况，立即报告上级主管部门，同时及时填写伤亡事故表上报有关部门。特别是发生重大伤亡事故后，更应当以最快的速度将事故概况(包括伤亡人数、发生事故的时间、地点、原因等)，分别报告企业主管部门、行业安全管理部门、当地劳动部门、公安部门、检察院等。装饰施工项目伤亡事故的处理程序如下。

(1) 迅速抢救伤员，保护好事故现场

施工伤亡事故发生后，现场人员一定要保持清醒的头脑，切不可惊慌失措，要立即组织起来，迅速抢救伤员和排除险情，制止事故进一步蔓延扩大。

为了满足事故调查分析的需要，在抢救伤员的同时，应采取措施保护好事故现场。如果因抢救伤员和排除险情，必须移动现场的构件时，应准确地做好标记。在有条件时，最好拍下照片或录像，为事故调查提供可靠的原始事故现场资料。

(2) 组织事故调查组

施工企业在接到伤亡事故报告后，首先立即派人赶赴事故现场组织抢救，然后迅速组织调查组开展事故调查。事故调查组的组成人员，应根据事故的程度而确定。发生轻伤或重伤事故的，应由企业负责人组织生产、技术、安全、劳资、工会等有关人员，组成事故调查组，负责对事故的调查处理。发生一般人员死亡事故的，由企业主管部门会同事故现场所在地区的劳动部门、公安部门、人民检察院、工会，组成事故调查组，负责对事故的调查处理。发生重大伤亡事故的，应按企业的隶属关系，由省、自治区、直辖市企业主管部门或国务院有关部门牵头，由公安、检察、劳动、工会等部门，组成事故调查组，负责对事故的调查处理。组成事故调查组的成员，应当与发生的事故无直接利害关系，以使在处理中做到公平、公正和无私。

（3）进行事故现场勘察

事故调查组成立后，应立即对事故现场进行勘察。事故现场勘察是一项技术性很强的工作，涉及广泛的科学技术知识和勘察实践经验，关系到事故定性的准确性、时效性和公正性。因此，事故现场勘察必须及时、全面、细致、准确，能客观地反映原始面貌。事故现场勘察包括以下主要内容。

① 做好事故调查笔录。事故调查笔录是事故调查和处理的极其重要的资料，也是对事故责任划分的最有力证据。调查组应当详细调查询问，认真做好事故调查笔录。事故调查笔录的内容主要包括：发生事故的时间、地点、气象情况等；事故现场勘察人员的姓名、单位、职务；事故现场勘察的起止时间、勘察过程；事故所造成的破坏情况、状态、程度；设施设备损坏或异常情况，事故发生前后的位置；事故发生前的劳动组合，现场人员的具体位置和当时的行动；重要的物证的特点、位置及检验情况等。

② 事故现场的实物拍照。事故现场的实物拍照，是极其重要的佐证材料，要尽可能地详细拍摄。实物拍照主要包括：反映事故现场在周围环境中所处位置的方位拍照；反映事故现场各部位之间联系的全面拍照；反映事故现场中心情况的中心拍照；揭示事故直接原因的痕迹物、致害物等的拍照；反映伤亡者主要受伤和造成伤害部位的人体拍照；其他对事故调查有价值的有关拍照。

③ 事故现场绘图。在某种情况下，事故现场的实物拍照具有一定的局限性，不能全面反映事故现场的实际，认真绘制现场图，可以弥补拍照的这一缺陷。根据事故的类别和规模，以及调查工作的需要，主要应绘制：建筑物平面图、剖面图；事故发生时人员位置及疏散图；破坏物立体或展开图；事故涉及范围图；设备或工、器具构造图等。

④ 分析调查事故原因，确定事故性质。

在事故调查和取证的基础上，事故调查组可开始分析论证工作。事故调查分析的目的，是为了搞清事故的原因，分清事故的责任，以便从中吸取教训，采取相应的措施，防止类似事故的重复发生。事故分析的步骤和要求如下。

a. 查明事故经过。通过详细的调查，查明事故发生的经过。主要弄清产生事故的各种因素，如人、物、生产和技术管理、生产和社会环境、机械设备的状态等方面的问题，经过认真、客观、全面、细致、准确的分析，为确定事故的性质和责任打下基础。

b. 分析事故原因。在进行事故原因分析时，首先整理和仔细阅读调查材料，按照国家的有关规定和标准，对受伤部位、受伤性质、起因物、致害物、伤害方法、不安全行为和不安全状态等七项内容进行分析。

c. 查清事故责任者。在分析事故原因时，应根据调查分析所确认的事实，从发生事故的直接原因入手，逐渐深入到间接原因。通过对事故原因的分析，确定出事故的直接责任者和领导责任者，根据在事故发生中的作用，找出事故的主要责任者。

d. 确定事故的性质。确定事故的性质，这是事故处理的关键，对此必须科学、慎重、准确、公正。施工现场发生伤亡事故的性质，通常可分为责任事故、非责任事故和破坏性事故三类。只要事故性质确定后，就可以采取不同的处理方法和手段。

e. 制定防止类似事故措施。通过对事故的调查、分析、处理，根据事故发生的各类原因，从中找出防止类似事故的具体措施，并责成企业定人、定时间、定标准，完成防止类似事故发生的措施的全部内容。

⑤ 写出事故调查报告。事故调查组在完成上述几项工作后，应立即把事故发生的经过、各种原因、责任分析、处理意见，以及本次事故的教训、估算损失和实际损失、对发生事故单位提出的改进安全工作的意见和建议，并以书面形式写成文字报告，经事故调查组全体同志会签后报有关部门审批。

事故调查报告，应当内容全面、语言准确、符合要求、及时上报。如果调查组内意见不统一，应进一步弄清事实，深入进行论证，对照政策和法规反复研究，尽量统一认识，但不可强求一致。对于不同意见，在事故调查报告中应写明情况，以便上级在必要时进行重点复查。

⑥ 事故的审理和结案。事故的审理和结案，是事故调查处理的最后一个环节，也是至关重要的安全管理工作。

事故的审理和处理结案，同企业的隶属关系一致。一般情况下，县办企业及县以下企业，由县有关部门审批；地(市)办企业，由地(市)有关部门审批；省、直辖市企业发生的重大事故，由直接主管部门提出处理意见，征得劳动部门意见，报主管委、办、厅批复。国家建设部对事故的审理和结案，有以下几点要求。

a. 事故调查处理结论报出以后，须经当地有关有审批权限的机关审批后方能结案。并要求伤亡事故处理工作应在 90 天内结案，特殊情况也不得超过 180 天。

b. 对事故后责任者的处理，应根据事故的情节轻重、各种损失大小、责任轻重加以区别，予以严肃处理。

c. 清理调查资料，进行专案存档。事故调查资料和处理资料，是用鲜血和沉痛教训换来的，是对企业职工进行安全教育的活教材，也是伤亡人员和受到处理人员的历史资料，因此，对事故调查资料和处理资料，应当完整保存归档。

2) 装饰施工伤亡事故的处理

对施工伤亡事故的处理，是一项严肃、政策性很强、要求很高的工作，它关系到严格执法、主持公道、稳定队伍、接受教训的大问题，各级领导必须认真对待。

(1) 确定事故的性质与责任

在施工现场发生伤亡事故以后，项目领导以及上级赶赴事故现场的有关人员，应慎重地对事故现场进行初步调查，以便确定事故的性质。一旦认定为工伤事故，事故单位就应根据国家和所在地区的有关规定进行调查处理。在已查清工伤事故原因的基础上，分析每条原因应当由谁负责。按常规一般可分为直接责任、主要责任、重要责任和领导责任，并根据具体内容落实到人头上。

① 直接责任者。直接责任者，指在事故发生的过程中有必需因果关系的人。如安装电气线路，电工把零线与火线接错，造成他人触电身亡，则电工就是直接责任者。

② 主要责任者。主要责任者，是在事故发生过程中属于主要地位和起主要作用的人。如某工地一工人违章从外脚手架爬下时，立体封闭的安全网绳脱扣，使该工人摔下致伤，绑扎此处安全网的架子工便自然成为事故的主要责任人。

③ 重要责任者。重要责任者，是在事故发生过程中负一定责任，起一定作用，但不起主要作用的人。如某企业在职工中实施了签订互保协议，一个工人违章乘坐提升物料的吊篮下楼，卷扬机司机不观察情况盲目启动下降，同班组与乘坐者签订互保协议的工人也不制止，如果出现吊篮突然坠落，造成乘坐者受伤。乘坐者是事故的直接责任者，卷扬机司机是主要责任者，协议互保人就是重要责任者。

④ 领导责任者。领导责任者，是指忽视安全生产，管理混乱，规章制度不健全，违章指挥，冒险蛮干，对工人不认真进行安全教育，不积极消除事故隐患，或者事故发生后仍不采取有力措施，致使同类事故重复发生的单位负责人。如某工地领导只重视施工速度，不考虑施工条件和工人身体状况，强行命令工人加班加点，如果出现工伤事故，工地的主要领导和负责安全生产的领导，均为领导责任者。

(2) 严肃处理事故责任者

对造成事故的责任者，要加强教育、严肃处理，使其真正认识到，凡违反规章制度，不服从管理或强令工人违章作业，因此而发生重大事故者，都是一种犯法行为，构成了触犯劳动法和刑法，严重的要受到法律的制裁，情节较轻的也要受到党纪和行政处罚。有下列情况者，应给予必要的处分。

① 事先已发现明显的事故征兆，但不及时采取有力措施去消除隐患，以致发生工伤

事故，造成人员伤亡和财产损失者。

②　不执行规章制度，对各级安全检查人员提出的整改意见，不认真执行或拒不服从，仍带头或指使违章作业，造成事故者。

③　已发生类似事故，仍不接受教训，不采取、不执行预防措施，致使此类事故又重复发生者。

④　经常违反劳动纪律和操作规程，经教育仍不改正，以致引起事故，造成自己或他人受到伤害或财产受到损失者。

⑤　不经有关人员批准，任意拆除安全设备和安全装置者。

⑥　对工作不负责任或失职而造成事故者。

(3)　稳定队伍情绪，妥善处理善后工作

工程实践证明，施工现场一旦发生伤亡事故，将严重影响正常的生产、工作和生活的秩序。尤其表现出领导精神紧张，职工思想波动，队伍情绪低落，工程质量和施工进度、企业经济和社会效益，都受到不良影响，如果处理不好，还会影响企业内部和社会的安定团结，给企业和政府带来很大压力。因此，稳定队伍情绪，妥善处理善后工作，是事关大局的事情，必须下大力气解决好。

①　事故发生后，企业领导和工地负责人应当率先垂范，应立即赶赴事故现场，积极组织力量抢救伤员，并发出停工令，让大部分职工撤离事故现场，防止事故扩大而增加损失和难度。

②　项目经理或主管领导要冷静沉着、果断指挥，立即召开有关人员会议，成立事故调查处理小组和行政生产管理小组，以便有秩序地开展工作。

③　待事故调查组基本搞清事故发生的经过、原因和责任后，事故单位应在事故调查组的参与下，组织召开事故分析会议，从事故事实中找出教训和责任者，提出改进安全管理工作的措施，以此提高干部职工安全生产的意识。

④　工伤事故发生后，应尽快通知伤亡人员的家属，切实搞好接待和安抚工作，如实地向其家属介绍事故的情况，以取得他们的谅解和协助。

⑤　根据国家和地区有关处理伤亡事故的规定，做好医疗和抚恤工作。这是一件最难解决的问题，企业领导要引起足够的重视，要根据国家的有关政策，做好耐心细致的思想工作。

⑥　在征得有关部门同意复工后，企业领导一方面首先组织干部、专业人员和职工对施工现场进行全面的安全检查，及时处理发现的问题和隐患；另一方面组织全体施工人员，

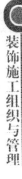

认真学习安全生产技术知识、规章制度、标准和操作规程，特别是应宣布本工地为避免同类事故所采取的措施，使全体职工受到深刻的教育，把安全管理工作提高到一个新的水平。

9.2 装饰工程的环境保护

【学习目标】

了解工程环境保护的有关规定；掌握建筑装饰工程施工现场及材料环境保护知识。

1. 装饰工程环保的必要性

随着人们对物质文明和精神文明要求的提高，对生活、工作和生存的质量提出了更高的要求，这就是建筑装饰环境保护与人类健康的问题。众所周知，人的二分之一的时间是在建筑物中度过的，如何把握居住和工作空间的环境保护，营造出一个绿色的春天、绿色的家居、温馨的气氛，这是目前建筑装饰中人们关注的重点、讨论的焦点、解决的难点。

目前，在国内外装饰材料市场上出售的装饰涂料，有很多仍含有苯、甲苯、二甲苯等具有危害人体健康的化学物质，使用时会有大量有害气体随着空气的流动，漫布房间的每一个角落，干燥不彻底的涂层，将继续散发刺鼻的气体，造成环境的二次污染，给使用者和施工者造成极大的损害。

我国生产的胶合板、复合地板、细木工板、有机涂料、建筑塑料等建筑装饰材料，大多数含有危害人体健康的物质。如甲醛主要来自保温材料、绝缘材料、地板胶、有机涂料、塑料贴面等，这是一种主要的致癌物；苯主要来自合成纤维、塑料、橡胶等材料，它可以抑制人体的造血功能，致使白细胞、红细胞和血小板减少；三氯乙烯主要来自油漆、胶黏剂等材料，它对人体中的黏膜有很大的刺激性，可以引起持久性的咽喉炎、角膜炎等疾病。

室内材料的高档装饰工程，人们喜欢选用天然石材。据有关部门测定，很多建筑装饰材料中具有短期的有毒放射性物质，而在一些石材中却有长期的放射作用，应当引起装饰材料选材者的高度重视。

装饰材料发展趋势是品种越来越多，配套率越来越高，档次门类更加齐全，其发展速度远远超过人的认知速度。但在选择装饰材料时，人们对"绿色环保"装饰材料有着强烈的渴望和追求，这也是装饰材料今后生产和发展的必然趋势，人类正在呼唤"绿色环保"和"绿色建材"。

1)　室内装修污染极其严重

据环保部门有关专家介绍，目前我国在家庭装修工程中，主要存在着三大类 50 多种污染。一是化学污染，如甲醛、甲苯、二甲苯、氨等有害气体，苯乙烯等有机溶剂以及铅等重金属的污染；二是物理因素污染，如噪声、振动、紫外线、微波、高频、电磁场、光等污染；三是放射性物质污染，如氡、铀、镭等元素的污染等。

以上这三类污染，以第一、二类污染比较普遍，尤其是第一类污染非常严重。

近年来，随着人们经济收入和生活水平的不断提高，居住条件越来越好，居住面积越来越大，装修越来越豪华。随之而来的，室内环境污染问题也越来越突出，已成为广大人民群众身心健康的一大公害。

工程实践证明，"绿色环保"装饰材料应具有以下特点：一是"无毒、无害、无污染"，即不会散发有害气体，不会产生有害辐射，不会发生霉变锈蚀，遇火不会产生有害气体；二是对人体具有一定的保健作用，即能帮助人们解除疲劳，促进人体血液循环。

2)　生产 "绿色环保" 装饰材料是时代的要求

有关专家强调指出：是否对人的健康造成危害，是判断建材产品是否环保的重要标准。目前对人们健康危害最大的是建筑装饰材料和室内设施方面的污染。这种污染包括建筑本身造成的污染，如混凝土中的外加剂等，装饰装修带来的污染和家具带来的污染。

国内外的共识：一是建材工业的发展要服从生态环境保护和生态建筑的需要；二是建材工业的发展要服从国家可持续发展战略的需要；三是建材工业的发展要在推行住宅产业现代化中加快发展。

2. 工程环境保护的有关规定

《中华人民共和国环境保护法》中把环境定义为"影响人类生存和发展的各种天然和经过人工改造的自然因素的总体，包括大气、水、海洋、土地、矿藏、森林、草原、野生生物、自然遗迹、人文遗迹、自然保护区、风景名胜、城市和乡村等"。按照环境的功能不同，可以把环境分为生活环境和生态环境。

由于人类活动或自然原因使环境条件发生不利于人类的变化，以致影响人类的生产、生活和生存，给人类带来不同程度的灾害，这就是环境问题。这里所讲的环境问题，主要包括人类活动给自然环境造成的破坏和环境污染这两大类。

在工业化高度发达的今天，环境问题对人类的健康和生存构成了相当严重的威胁。人类要健康地生存，实现可持续发展，必须高度重视环境问题，实施环境保护是每个地球人的职责和义务。

在建筑装饰工程的施工过程中，由于装饰材料的多元性，不可避免地会引起环境污染，如果对装饰材料的选择使用不当，在施工过程中不注意环境污染，造成的环境问题会更大。因此，在装饰工程组织施工过程中，采取各种有效措施，控制和消除环境污染，是建筑装饰工程施工项目管理的重要内容。

在建筑装饰工程施工过程中的环境问题主要是环境污染，主要包括大气污染，水体污染、土壤污染、生物污染等由物质引起的污染，噪声污染、放射性污染等由物理因素引起的污染。

对建筑装饰工程造成的污染问题，我国政府十分重视，制定了许多法律、法规、标准、规范等。现行的主要有：《环境保护法》、《建筑法》、《水污染防治法》、《大气污染防治法》、《固体废物污染环境防治法》、《环境噪声污染防治法》、《建筑施工场界噪声限值及测量方法》、《民用建筑工程室内环境污染控制规范》、《住宅室内装饰装修管理办法》、《建设工程施工现场管理规定》等，以及各地区、各部门、各行业制定的有关规定。

以上这些有关法律、法规、规范等，对工程建设环境保护的有关规定，主要包括以下几个方面。

① 切实把环境保护工作纳入工程项目管理的计划中，建立以各级主要负责人为领导的环境保护责任制度，当作一项重要的职责和义务。

② 采取有效措施防治施工过程中产生的废气、废水、废渣、粉尘、恶臭气体、放射性物质，以及噪声、振动、电磁、辐射等对环境的污染和危害。

③ 施工单位应当采取下列防止环境污染的措施。

a. 妥善处理施工中的泥浆水，未经处理不得直接排入城市的排水设施和河流。

b. 除设有符合规定的装置外，不得在施工现场熔融沥青、焚烧油毡、油漆以及其他会产生有毒有害烟尘和恶臭气体的物质。

c. 在施工过程中，要使用密封式的圈筒或者采取其他措施处理高空废弃物。

d. 采取有效措施控制在施工过程中产生的扬尘。

e. 禁止将有毒有害废弃物作为土方进行回填。

f. 对产生噪声和振动的施工机械，应当采取有效控制措施，尽可能减轻噪声和振动的干扰。

g. 在城市市区范围内，施工过程中使用机械设备，可能产生环境噪声污染的，施工单位必须在工程开工十五日前向工程所在地县级以上人民政府环保行政主管部门申报工程的项目名称、施工场所和期限，可能产生的环境噪声以及所采取的环境噪声污染防治措施的情况。

h. 在城市市区噪声敏感建筑物集中区域内，禁止夜间进行产生环境噪声的建筑施工作业，但抢修、抢险作业和因生产工艺上要求或者特殊需要必须连续作业的除外。因特殊需要必须连续作业的，必须有县级以上人民政府或者其有关主管部门的证明。

i. 在对已竣工交付使用的住宅楼进行室内装修活动时，应当限制其作业时间，并采取其他有效措施，以减轻、避免对周围居民造成环境噪声污染。

j. 建筑装饰工程施工由于受技术、经济条件限制，对环境的污染不能控制在规定范围内的，建设单位应会同施工单位事先报请当地人民政府建设行政主管部门和环境保护行政主管部门批准。

k. 排放污染物超过国家或地方规定的污染物排放标准的，依照国家规定缴纳超标准排污费，并负责进行治理，严重的要限期治理。

l. 造成环境污染危害的，有责任排除危害，并负责对受害者赔偿损失。并视情况给予责任人及单位行政处分。

m. 中华人民共和国缔结或参加的与环境保护有关的国际条约，同中华人民共和国的法律有不同规定的，适用国际条约的规定，但中华人民共和国声明保留的条款除外。

3. 施工现场及材料环境保护

1) 施工现场环境保护管理

施工现场环境保护是保证人们身体健康，消除外部干扰，保证施工顺利进行的需要，也是现代化大生产的客观要求，是国家和政府的要求，是施工企业的行为准则。做好施工现场环境保护主要采取如下措施。

(1) 实行目标责任制

把环保指标以责任书的形式层层分解到有关单位和个人，明确承包合同和岗位责任制，建立环保自我监控体系，项目经理是环保工作的第一责任人，是施工现场环境保护自我监控的领导者和责任者，要把环境保护政绩作为考核各级领导的一项重要内容。

(2) 加强检查和监控

加强检查和监控工作，主要是加强对施工现场粉尘、噪声、废气的监控和监测及检查工作。

(3) 对现场综合治理

综合治理重点是三个方面：一是要监控；二是要会同周边单位协调环保工作，齐抓共管；三是要做好宣传教育工作。

(4) 严格执行有关规定

严格执行国家法律、法规，制定相关技术措施。

(5) 采取防止污染措施

防止施工现场产生污染，主要是防止大气污染和噪声污染。防止大气污染主要采用局部吸尘、控制污染源等方法解决。

防止噪声污染的主要措施是：通过控制和减弱声源，控制噪声的传播来减弱和消除危害。

2) 装饰用材的环境保护管理

装饰用材的环境保护管理包括两个方面：一是材料的选用；二是材料使用操作过程中污染源的控制和污染物的处理。建筑装饰材料发展迅速，现代建筑装饰较传统的装饰做法有了极大的改变，如今的墙面装饰已由乳胶漆、中高档壁纸代替了大白、普通瓷砖进行的装饰；地面装饰也不再是灰、冷、硬的水泥地面，而多采用通体砖、玻化砖、复合地板、高档塑料地板、地毯等进行装饰；顶棚过去一般不装饰，现在做吊顶已成为一种时尚，有石膏板吊顶、塑料装饰板吊顶、装饰玻璃吊顶、金属吊顶等。过去只有星级宾馆的卫生间才安装浴缸、冲淋设备，如今卫生间装饰热正在家庭装饰中兴起；厨房装饰已开始淘汰水泥槽、白瓷砖灶台，向不锈钢灶台等高档材料发展；普通钢窗、木窗已不能满足装饰的要求，而逐渐被塑料门窗、铝合金门窗所代替。装饰建材行业的人们极尽所能地满足对建筑的装饰要求。装饰材料更新快，品种多，性能各异，运输、保管、堆放和施工操作要求严格等。因此，造成对环境的潜在威胁越来越大。

(1) 装饰材料设计时的选用

由于一些装饰材料在施工和使用过程中，确实挥发、散发出有害的气体和物质，污染室内空气，引起各种疾病，影响人们的身体健康，因此选用时应当特别注意，首先选择环保建材或低污染、无毒的建材。造成室内环境污染的材料主要有以下几种。

① 个别品种的花岗石、大理石、陶瓷面砖、粉煤灰砖等产品，含有镭、钍、射线、氡气等放射性物质，注意进行鉴别和测定。

② 一些油漆、涂料等有机建筑材料，含有苯、酚、蒽、醛及其衍生物等有毒物质，人体长期在超标的有毒物质中生活，会导致病变和致癌。

③ 人造板材如胶合板、纤维板等以及某些胶黏剂，是常用的装饰材料。但这些材料常会有甲醛和其他挥发性物质。这些挥发性有机物容易挥发污染室内空气，刺激人体皮肤

黏膜，特别是眼睛、鼻子等器官，引起眼睛涩干、呼吸道发炎、咳嗽、头昏、头痛等。

④ 用于内外墙装饰和室内吊顶的石棉纤维水泥制品，所含的微细石棉纤维被人吸入后，轻者引起难以治愈的石棉肺病，重者会引起各种癌症，给患者带来极大的痛苦，为此一些国家(如德国、法国、瑞典、新加坡等)已禁止生产使用一切石棉制品。

(2) 施工中对污染源的控制

在装饰工程施工过程中，污染源主要有以下几类：水泥、木屑粉尘、机械设备运转噪声、有毒气体等。

① 粉尘的控制。主要是水泥粉尘、木屑和瓷砖切割时飞起的碎屑等。在施工中设置必要的吸尘罩、滤尘器和隔尘设施，可有效地防止粉尘飞扬和扩散，同时还可以回收粉尘以利再用。

② 噪声控制主要是减弱噪声源发出的噪声和控制噪声的传播。从改革工艺入手，以无声的工具代替有声的工具，如用液压机代替锻造机、风动铆钉等来减弱设备运转的噪声；对发生噪声的设备质量、频率和振幅等进行必要的限制或控制，或采用间歇地使用设备法；通过采取消声措施，来控制噪声的传播。

③ 有毒气体和废弃物的排放控制。建筑装饰工程施工中，使用涂料和油漆较多，使用中有毒物质，主要是苯的浓度在局部范围内较大，危及现场及周边人员的身体健康。尽量改用无毒或低毒物代替苯。作为涂料溶剂可以用甲苯、二甲苯代替苯；有的可用混合物；可用醋酸戊醋、丙酮或醇类代替苯。在喷漆上采用新工艺，如电泳喷漆、静电喷漆、热喷漆等。

④ 采用密封操作和局部抽风排毒设备。对操作人员来说，选择佩戴送风式防毒面具。

废弃物主要是各种液体装饰材料的残渣、残液、废水以及固体包装物、下脚料等。要进行分类和妥善处理，不能在环境中吸收、消化的要送垃圾处理场，同时，可以进行加工回收和再利用。废水废液的遗弃要经过消毒处理，不能直接排放，以免造成地下水源的污染或向环境内散发有害气体。

思　考　题

1. 什么是施工项目的安全管理？安全管理主要包括哪些方面？

2. 施工项目安全管理中的五种关系和六项原则是什么？

3. 建筑装饰施工生产活动中的安全管理措施主要包括哪些方面？

4. 施工项目的伤亡事故应遵循什么程序进行处理?

5. 如何科学地处理施工项目已发生的伤亡事故?

6. 装饰工程施工为什么要特别重视环境保护工作?

7. 建筑装饰工程施工中对环境保护有哪些主要的规定?

8. 如何搞好施工现场及装饰材料的环境保护管理?

参 考 文 献

1. 陈守兰. 建筑装饰施工组织与管理. 北京：科学出版社，2002
2. 李继业. 建筑施工组织与管理. 北京：科学出版社，2001
3. 朱治安. 建筑装饰施工组织与管理. 天津：天津科学技术出版社，2000
4. 成虎. 工程项目管理. 北京：中国建筑工业出版社，1097
5. 李继业. 建筑工程合同管理. 北京：地震出版社，1999
6. 黄展东. 建筑施工组织与管理. 北京：中国环境科学出版社，1998
7. 成虎. 建筑工程合同管理与索赔. 南京：东南大学出版社，1993
8. 吴涛. 施工项目经理工作手册. 北京：地震出版社，1998
9. 张伟. 建筑施工组织与现场管理. 北京：科学出版社，2007